经典理论视角下的
计算鬼成像技术

王晓茜　高　超　姚治海　著

科学出版社

北　京

内 容 简 介

　　鬼成像拥有超宽的可成像波段范围、较高的空间分辨率和较强的抗干扰能力，但其成像质量和成像速度限制了其进一步发展。在这个背景下，本书介绍了经典统计理论下的计算鬼成像系统的成像机制，透过机制探究影响该技术成像质量和速度的因素，从光源性质、内外干扰等方面出发进行了研究，分别给出了解决方案。

　　本书适用于高年级本科生丰富课余知识，亦适合作为有意从事鬼成像相关研究的研究生、科研工作者的入门参考书。

图书在版编目（CIP）数据

经典理论视角下的计算鬼成像技术 / 王晓茜，高超，姚治海著. —北京：科学出版社，2022.10
　ISBN 978-7-03-073430-3

Ⅰ. ①经…　Ⅱ. ①王…②高…③姚…　Ⅲ. ①信息光学—研究　Ⅳ. ①O438

中国版本图书馆 CIP 数据核字（2022）第 191051 号

责任编辑：姜　红　张培静 / 责任校对：杨　赛　周思梦
责任印制：赵　博 / 封面设计：无极书装

科学出版社 出版
北京东黄城根北街 16 号
邮政编码：100717
http://www.sciencep.com
固安县铭成印刷有限公司印刷
科学出版社发行　　各地新华书店经销
*
2022 年 10 月第 一 版　　开本：720×1000　1/16
2025 年 1 月第三次印刷　　印张：8 1/2
字数：171 000
定价：99.00 元
（如有印装质量问题，我社负责调换）

前　言

　　光学成像是较为古老的探测技术之一，早在春秋时期，墨子就对小孔成像进行了讨论。自从 11 世纪伊本·海赛姆发明凸透镜以来，人们更加广泛地研究、讨论并发展光学成像技术。平面镜使人们看到自己，显微镜使人们看得到更小的物体，望远镜使人们看得更远，显然，与其他的探测技术相比，这种建立在"看"上的探测技术无疑具有巨大的优势。这不仅仅是因为它更加直观，同时，"看"是人们了解世界的一种非常原始但也非常有效的方式，这就使得这种古老的探测技术在 21 世纪的今天，仍然迸发着蓬勃生机。

　　鬼成像是最近二十年逐渐兴起的一种新型成像技术，在成像方式上，它不同于以往的任何成像手段。在计算鬼成像的实验架构下，使用一个点探测器就可以获取待测目标的二维图像。它拥有超宽的可成像波段范围，尤其是在那些阵列探测器极其昂贵或低效的波段上，这一优势显得尤为重要。此外，该技术被证明具有较高的空间分辨率和较强的抗干扰能力，因此在遥感探测、显微成像方面有较好的应用前景。然而，作为一项新技术，鬼成像技术的实用化还有一段路要走，限制其进一步发展的因素主要是成像质量和成像速度，二者都是由其基本机制决定的，并且受到外界条件限制。因而，本书将针对这些问题展开探讨，介绍经典统计理论下的计算鬼成像系统的成像机制，探究影响该技术成像质量和速度的内在因素和外在因素。针对得到的结果，采取对症下药的方式对成像系统进行一定程度的改进，使其在特定的应用条件下能获得更佳的效果，进而促进该技术的实用化发展。

　　本书共 7 章，分别从鬼成像的成像机制、照明图样和重构算法以及成像系统外界干扰对成像效能的影响进行介绍，深入浅出，带读者从内到外，以经典统计理论解释下的视角理解计算鬼成像过程中的全部环节，一起观察和讨论该系统可以改进的地方，一起了解该技术的潜在应用。

　　作者在此感谢课题组冯玉玲老师和苟立丹老师帮忙审阅书稿。此外，在吉林省科技厅自然科学基金（项目号：YDZJ202101ZYTS030）支持下，本书中所涉及的部分研究工作得以顺利开展，在此表示感谢。

　　限于作者水平，书中难免有不足之处，欢迎各位读者批评和指正。作者愿与各位老师、同学切磋交流，共同学习进步。

作　者

2022 年 1 月于长春

目　　录

第 1 章

绪　　论

■ 1.1　鬼成像技术的研究进展

千百年来，人们都在试图掌握更为先进的成像技术，这些技术有些使人们看得更远，有些使人们看得更精细，有些能使人们突破阻碍，看到障目之叶后面的茫茫泰山。在众多的成像技术里，20 世纪 90 年代前后提出的鬼成像（ghost imaging，GI）受到了越来越多的关注。现在通常认为，1995 年 Pittman 等[1]设计的纠缠双光子成像的出现标志着鬼成像技术的正式诞生，其原理如图 1.1 所示。

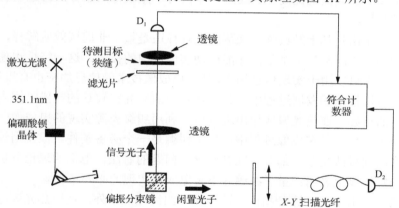

图 1.1　纠缠双光子成像原理图[1]

首先，连续激光照射到偏硼酸钡晶体上，发生参量下转换过程，产生一对正交偏振的光子对：信号光子（晶体的非寻常光）和闲置光子（晶体的寻常光）。然后，利用棱镜将泵浦光和纠缠光子对分开，纠缠光子对经过一个偏振分束镜被分为两束，信号光子被分束镜反射后经过一个透射型待测目标，然后由透镜收集到桶探测器 D_1 中；闲置光子透过分束镜后，被一个在 X-Y 平面上进行扫描的点探测器 D_2 收集到。最后对 D_1 和 D_2 收集到的数据实施符合测量就可以还原出待测目标的像。这种特殊的成像手段并不像传统成像一样直接对待测目标的透射函数进行空间上一对一的直接测量，而是利用光束间的关联实施间接的测量，然后通过计算来恢复图像；除此之外，鬼成像的信号光路和参考光路是分离的。由此可见，鬼成像技术是一种非局域的计算成像技术。这种成像技术一经提出，就受到了广泛关注。其原因是，这种新兴的成像方案相比于传统的成像方案具有如下一些优势：

首先，鬼成像具有更强的抗干扰能力。2011 年，Meyers 等[2]首次实现了抗大气湍流的鬼成像，实验结果显示，相较于传统成像，鬼成像对大气湍流所引起的干扰具有相当强的抵抗能力，之后，又有不少的研究[3-7]证实了这一点。除大气湍流外，散射介质也是影响成像质量的重要因素，因为光的散射会导致物体信息的严重丢失。同年，Gong 等[8]从理论上分析了散射介质对鬼成像的成像质量的影响，并利用实验证明了相对于传统成像，鬼成像方案对散射介质所引起的干扰具有很高的抗性。近些年来，对于鬼成像的抗噪声和干扰方面的研究一直是一个热门话题[9-12]。

其次，鬼成像技术被证实可以超越衍射极限，从而实现超分辨成像。2009 年，Gong 等[13]提出了超分辨的鬼成像，并于 2012 年通过实验成功实现了超分辨成像[14]，值得注意的是，他们使用了压缩感知理论，使得其成像速度和成像质量较之传统鬼成像都大大地提高了。在近几年，对于鬼成像的超分辨问题的讨论也有许多报道[15-17]。

此外，无论是基于经典强度涨落关联解释还是量子非局域效应解释，鬼成像都是一种必须"匹配"两个信号才能成功实现成像的技术，这一特性也使得鬼成像的相关思想可以用于实现信息加密，基于鬼成像技术的信息加密也有报道[18-22]。

在鬼成像技术的发展过程中，其物理本质的研究在较长的一段时间内是一个比较热门的话题。在热光鬼成像出现以前，利用纠缠光源实现的鬼成像一直被认为是一个量子现象，在成像过程中，量子纠缠是一个必备条件。但使用经典光源的鬼成像的问世改变了一部分研究者对这一问题的看法，他们的理论分析和实验结果在一定程度上表明：量子纠缠并不是鬼成像实现的必要条件。

2002 年，Bennink 等[23]指出，除了使用纠缠光源以外，使用热光等经典光源也可以实现鬼成像，只不过其成像对比度相对于使用纠缠光源的鬼成像要低。同时，这篇文章的结论指出，分束器分出的两束光之间的量子纠缠并不是鬼成像能够实现的必要条件。随后，大量的理论和实验工作都证实了这一观点[24-39]。

关于基于经典光源的鬼成像，最具影响力的莫过于文献[31]中提出的"赝热光鬼成像"。所谓的赝热光，是由激光束照射在一块旋转的毛玻璃上，从而产生杂乱的散射场。由于毛玻璃的表面较为粗糙，故会对经过的激光束产生较为明显且杂乱无章的散射情况，从而产生近似于热光源的光强分布情况，即高斯随机分布的散射场，其光强-空间分布满足中心极限定理，赝热光也因此而得名。自从热光鬼成像被证实可行后，随处可见的热光源（太阳光）被认为是一种极为理想，但又极不易应用的鬼成像光源。原因在于，这种光源的发光原理是大量原子产生杂乱的、非常复杂的自发辐射。这样产生的光场，其空间相干性和时间相干性都很差，具体表现为空间最小、相干面积很小，这有助于提升成像的分辨率。但较差的时间相干性意味着探测器的响应时间要足够快，以至于能够较为顺利地捕捉到热光场较明显的空间涨落情况。目前通过理论计算预测出，利用太阳光经过窄带滤光片滤出的准单色光的相干时间不足 10^{-14}s，没有任何一个光电探测器具有如此快的响应速度。由于用于探测参考臂光强分布的光探测器通常是积分器件，相对于热光的相干时间，"过长"的响应时间（即每次采集时开关快门的时间间隔）会导致最终探测得到一张灰度均匀的、空间涨落极为不明显的测量结果，导致成像失败。前面所提到的赝热光，即为了适应探测器的响应时间而设计的"模拟热光源"，既满足了热光源的空间涨落性质，又兼顾了硬件设备的技术极限。

这种便于制备的光源问世后，马上吸引了很多学者对赝热光鬼成像展开研究。尽管相对于使用纠缠光源的鬼成像架构，赝热光鬼成像能够产生的重构图像具有较低的对比度（原则上不超过50%），但是仍旧已经足够凸显出待测目标的大部分有用信息。然而关于热光/赝热光的鬼成像的物理本质，目前业内对这一问题并未达成一致，并引发了较为激烈的讨论[2,40-51]。

1.2 鬼成像技术面临的挑战与机遇

在近几年，人们逐渐不再关注鬼成像的物理本质是量子现象还是经典现象，而是转而研究一个更加现实的问题：如何推进鬼成像的实用化进程以尽快利用其优势。现阶段，鬼成像技术相对于传统成像技术来说，有两个较为明显的短板。

首先，基于二阶关联算法的鬼成像需要一个相对较长的采样时间，并且该时间会随着成像分辨率的增加而进一步增长。这个缺点给鬼成像的实际应用带来不小的挑战，对于一个运动中的物体来说，较长的采样时间意味着无法对其进行准确成像，故此，对运动物体鬼成像的相关研究也成为了一个比较热门的研究方向[52-55]。

其次，在无外界干扰的情况下，由于二阶关联算法带来的算法噪声将使其成像质量变差，具体表现为重构图像上不规则的、类似于雪花点的噪点，这几乎使得鬼成像的成像质量无法与传统成像的质量相提并论。

由于这两个缺点的存在，鬼成像的实际应用发展受到严重限制。因此，如何提高鬼成像的成像速度和成像质量在其实用化进程中占据着尤为重要的位置，自然也就成为了现在的重点研究内容之一[56-58]。

为了解决这两个问题，学者进行了许多相关的研究。对鬼成像的成像质量、速度的优化，通常可以从以下三个方面展开。

第一种方案是优化重构图像时所使用的算法，也即对二阶关联函数进行某种修改。

2009 年，Chan 等[59]利用光的高阶相关特性提出了高阶鬼成像，从理论上讲，使用高阶关联函数进行图像重构的高阶鬼成像可以获得更高的对比度，此后引发了鬼成像领域的大规模研究和讨论[60-63]。

2010 年，Ferri 等[64]提出了差分鬼成像。他们在进行研究时发现，用于恢复图像的二阶关联函数中含有一个常数背景项，从而降低了重构图像的对比度。Ferri 等设计的差分鬼成像可以借由去除二阶关联函数中的常数背景项，从而有效提高重构图像的质量。随后，Sun 等[65]依照 Ferri 等的差分鬼成像设计了差分计算鬼成像，进一步改善了差分鬼成像实验装置的简易度。

2012 年，Sun 等[66]提出了归一化鬼成像。他们的理论分析和实验结果都表明，这种归一化的二阶关联算法对时变噪声（主要是进行实验的时候外界的杂光干扰，或探测电路中的电磁干扰等不规则的、无法预测的噪声）具有更高的抵抗能力。

第二种方案是对采样过程施行优化，众所周知，奈奎斯特采样定律要求，若想要完美恢复一个信号，使其不产生失真，那么采样频率必须高于信号频率带宽的二倍才行。但由 Donoho[67]提出的压缩感知理论支持以少量测量就能恢复待测信号，打破了奈奎斯特采样定律的限制，前提是信号具有稀疏性。压缩感知这一理论的提出，意味着鬼成像的采样次数可以大大降低，从而极大地提高鬼成像的成像速度和效率。2009 年，Katz 等[68]将压缩感知理论引入鬼成像的应用中，获得了巨大的成功。近些年来，压缩感知理论在鬼成像领域中大量地被讨论并得到了广泛的应用[51,69-78]。

在 2015 年，Sun 等[79]利用区分正负像的方式改善了鬼成像的成像质量。他们将桶探测器信号和其相对应的散斑图，根据其桶探测器信号的平均值分为两部分，即大于平均值的和小于平均值的，随后再将两组数据分别进行二阶关联计算。这时，大于平均值的那些测量步骤进行二阶关联叠加之后可以获得物体的正像，小于平均值的那些测量步骤进行叠加后，可以获得物体灰度倒转的负像。并且，无论是正像还是负像，其成像效果比原来的重构图像都要好得多。

第三种方案则是直接对鬼成像所使用的光源进行再设计，从而使其更适合作为鬼成像的光源。这一系列方案中的很大一部分都得益于 Shapiro[41]在 2008 年所提出的计算鬼成像方案，计算鬼成像使用一个先验的可调制光源提供照明，因此不再需要参考臂光路，仅用一条光路就可以实现对待测目标的成像，后来，这种方案被 Bromberg 等[80]通过实验证实可行。计算鬼成像方案带来的不仅仅有更加简化的光路，同时还有高自由度的光源。不同于传统鬼成像所使用的基于毛玻璃的赝热光、纠缠光源等，空间光调制器或投影仪等"定制光源"都具有一个共性，那就是可以利用计算机对其进行非常灵活的控制,从而更好地服务于鬼成像技术。

　　照射到待测目标上光源的空间分布情况与最终成像结果之间是有明显联系的,不少学者在研究鬼成像所用光源的性质的时候,很快就发现了这一现象。2013年,刘雪峰等[81]指出:光源的强度涨落剧烈程度直接关系到鬼成像重构图像质量的好坏,使用强度涨落更加剧烈的光源进行鬼成像时,重构图像将具有更高的对比度和信噪比。同年,Luo 等[82]通过适当调制光源的方式提高了鬼成像的成像质量。他们利用空间光调制器,分别使用余弦函数和双曲余弦函数对高斯光束进行了整形,并作为实现鬼成像所使用的光源。通过对高斯光源、余弦-高斯光源,以及双曲余弦-高斯光源产生的成像结果的对比,发现使用余弦函数调制光源后,鬼成像的成像质量变得更差了,相比之下,使用双曲余弦函数调制光源后,鬼成像的成像质量获得了提高。通过理论分析,他们最终发现,使用双曲余弦函数对高斯光束进行调制以后,会使光源的点扩展函数的曲线趋于尖锐,这意味着能够区分更多的细节,提高了成像空间分辨率。而余弦函数则正相反,它的调制结果使光源的点扩展函数变得平缓,从而降低了成像空间分辨率。2015 年,Shibuya 等[83]研究了阿达马(Hadamard)成像,他们发现:Hadamard 变换成像所获得的重构图像在信噪比、对比度等指标上均高于计算鬼成像。但其在高噪声的情况下表现不佳。除此以外,还有基于正弦变换图样的鬼成像[84]等改进方案。

　　2016 年,Song 等[85]指出:鬼成像的成像分辨率和对比度之间具有反比例关系,即鬼成像重构图像的分辨率越高,其对比度就越低,反之亦然。而鬼成像的成像分辨率直接取决于散斑的尺寸,也即散射场的“最小相干长度(面积)”。这篇论文在另一个侧面验证了鬼成像所使用的光源的性质会较为明显地影响到最终的成像结果。此后,关于鬼成像所使用的光源对成像质量的影响的研究层出不穷,学者也越发关注对光源的特定调制,以及光斑的数学、统计模型的研究。

　　除此之外,对于鬼成像技术来说,使用单一波长的照明光只能恢复有限的信息,为了获取待测目标更全面的信息,学者对多波长鬼成像也进行了研究,并取得了不少成果[86-88]。

■ 1.3　本书内容安排

　　随着鬼成像技术的不断发展,其实用价值越来越大,应用也越来越广泛[89-97]。综上所述,相较于传统成像方案,鬼成像的成像质量还有待于进一步提高,它的成像速度也是制约其实用化的重要因素;此外,对鬼成像的成像机制还需要进一步探索,以发现更多能够影响成像质量和效率的因素,并加以优化。对提高鬼成像技术的成像质量和成像速度等问题的研究一直是研究热点,这不仅能够促进鬼成像技术进一步发展,同时还将推动鬼成像技术的实用化进程,促进成像、目标探测等领域的科技进步,从而使其更好地服务于人类社会。因此,本书也将聚焦于鬼成像的成像质量,以影响鬼成像的成像质量的因素为切入点,深入挖掘成像机制问题和内外影响因素,进而找到成像质量受影响的根本原因,并尝试对症下药,对现有成像架构进行改进,从而为提高鬼成像的成像质量与成像效率提供一定的理论基础。

根据鬼成像技术在现有背景下面临的困境和机遇,本书将介绍以下内容:

（1）在理想传播条件下推导二阶关联函数,讨论鬼成像的成像机制,并在此基础上研究计算鬼成像的正负关联问题。

（2）不同的照明图样对计算鬼成像的成像质量的影响的研究和对比。

（3）将光的传播和衍射加入理论讨论的范围,以研究其对成像质量的影响。

（4）光源的相干性对成像结果影响的研究。

（5）杂散光、障碍物等外界干扰对成像结果影响研究。

本书主要内容可以分为两个部分。

第一部分包含第 2、3、4 章,将着重讨论影响鬼成像的成像质量的两个内在因素:重构算法和照明光源的性质。

第 2 章将着重介绍鬼成像重构图像的基本机制并推演二阶关联函数的计算过程;研究和分析基于随机照明图样的计算鬼成像系统中,二阶关联算法在重构图像时的行为。本章将给出鬼成像的加权统计平均解释,同时介绍计算鬼成像系统出现的正负关联现象,进而给出一个用于实时分离正负像的判据并与现有判据进行对比。

第 3 章将介绍两种基于全局线性变换照明图样的计算鬼成像——Hadamard 成像与正弦变换成像,并与基于随机图样的鬼成像方案进行对比,以此为基础进一步讨论照明图样对成像结果的影响。同时,还将介绍鬼成像的矩阵表示法,讨论观测矩阵的正交性在最终重构图像质量上产生影响的重要性,并基于此提出观测矩阵正交度判据,用以判断基于不同照明图样的成像方案之间的优劣。

第 4 章将分别介绍离散小波变换和连续小波变换理论加持下的计算鬼成像系统。旨在借助小波变换的强去相关能力探讨其在提升成像效率方面的可行性。

第二部分包含第 5、6 章,将着重讨论影响鬼成像的成像质量的两个外部因素:光的传递过程和外部干扰对鬼成像的影响。

第 5 章将着重讨论光的传递过程对鬼成像系统的影响。在这一章中,首先将介绍菲涅耳衍射及其数值计算方法,其次,将分别研究光的传递过程对基于随机照明图样与有序照明图样的鬼成像方案的影响,还将介绍传递过程给重构图像带来的各种失真的产生过程。除此之外,由于相干光与非相干光在传递过程中的行为并不完全相同,因此,作为扩展讨论,还将研究光源的相干性对鬼成像的成像质量的影响。

第 6 章则聚焦于各种外部干扰对鬼成像系统的影响。本章将介绍杂散光干扰和空间光调制器件自身性质对鬼成像的成像质量的影响。同时，在研究时发现，鬼成像在某些条件下具有跨越障碍物从而对一个被遮挡物体实现成像的能力，相关内容也将在本章进行重点介绍。

最后将在第 7 章对本书进行总结。

第 2 章

鬼成像的成像机制

■ 2.1 光的一阶和二阶相干性

经典的杨氏双缝干涉实验[98]以最直观的方式向人们展示了光的一阶相干性。同时，这个实验也让人们深刻地体会到了激光作为一种相干光与作为非相干光的热光在本质上的不同。如图 2.1 所示，根据惠更斯原理，单色光源发出的光到达 P_1 和 P_2 两个小孔（缝）后变为两个独立的源继续向前传播。两个独立源产生的光场在后面的时空点上进行线性叠加，并在空间中周期性地产生相长/相消现象，以至于在观测屏上可以观察到稳定的干涉条纹。

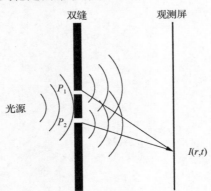

图 2.1　杨氏双缝干涉示意图

在观测屏上观察到的是光强的大小，实际上在观测屏上的任意一点的光强值都可以被求出：

$$\langle I(r,t) \rangle = \left\langle \left| E_1 + E_2 \right|^2 \right\rangle$$
$$= \left\langle E_1^* E_1 \right\rangle + \left\langle E_2^* E_2 \right\rangle + \left\langle E_1^* E_2 \right\rangle + \left\langle E_1^* E_2 \right\rangle \tag{2.1}$$

式中，$E_n\,(n=1,2)$ 是 P_1、P_2 两个独立源在时空点 (r,t) 处产生的场强。令

$$G_{11}^{(1)} = \left\langle E_1^* E_1 \right\rangle$$

$$G_{22}^{(1)} = \left\langle E_2^* E_2 \right\rangle$$

$$G_{12}^{(1)} = \left\langle E_1^* E_2 \right\rangle \tag{2.2}$$

$$G_{21}^{(1)} = \left\langle E_2^* E_1 \right\rangle$$

故而，时空点 (r,t) 处的光强也可以写成以下形式：

$$\left\langle I(r,t) \right\rangle = G_{11}^{(1)} + G_{12}^{(1)} + G_{21}^{(1)} + G_{22}^{(1)} \tag{2.3}$$

式中，$G_{11}^{(1)}$ 和 $G_{22}^{(1)}$ 是光场的自关联函数；$G_{12}^{(1)}$ 和 $G_{21}^{(1)}$ 是光场的互关联函数。$G_{11}^{(1)}$ 和 $G_{22}^{(1)}$ 分别代表了 P_1 源和 P_2 源各自在某个点处产生的光强值。而 $G_{12}^{(1)}$ 和 $G_{21}^{(1)}$ 为两个场的交叉关联项，其模的大小反映了两个场在线性叠加时由于相位不同而引发的相长/相消情况，并直接决定了观测屏上观察到的条纹对比度，不难看出：$\left[G_{12}^{(1)} \right]^* = G_{21}^{(1)}$。因此干涉条纹的情况可以写作

$$\left\langle I(r,t) \right\rangle = G_{11}^{(1)} + G_{22}^{(1)} + 2\operatorname{Re} G_{12}^{(1)} \tag{2.4}$$

式中，Re 表示取实部。这意味着可以用光场的互关联函数 $G_{12}^{(1)}$ 来描述光场的干涉现象，即光的一阶相干情况。进一步地，归一化的一阶关联函数定义为

$$g_{pq}^{(1)} = \frac{G_{pq}^{(1)}}{\sqrt{G_{11}^{(1)} G_{22}^{(1)}}} \tag{2.5}$$

式中，$p=1,2$；$q=1,2$。而 $g_{11}^{(1)}$、$g_{12}^{(1)}$、$g_{21}^{(1)}$ 和 $g_{22}^{(1)}$ 分别表示相应一阶关联函数的归一化形式。

1956 年，研究者设计了一种基于光的二阶相干的"干涉仪"来测量远场双星间的角间距，即量子光学中著名的 Hanbury-Brown 和 Twiss 实验（HBT 实验）[99]。在 HBT 实验中，实际上测量的是热光的二阶时间关联。

简单来说，一阶关联是场强间的关联，而二阶关联则是光强间的关联。一阶关联函数并不是在两个不同的时空点上测量得到的，这是因为对光场进行测量的操作不可能发生在不同时间、不同位置上。取而代之的是，待测量的两束光在某点处相遇、发生叠加的同时，使用一个探测器对一个空间上固定的点进行数次具有不同时间延迟的测量，进而得到一阶关联函数（曲线）。然而，由于二阶关联是光强之间的关联，因而对于光强的测量可以同时发生在两个不同的时空点上，因此二阶关联函数可由两个相互独立的光探测器直接进行测量。仿照一阶关联函数的定义，可以得到相应的二阶关联函数[100]：

$$G_{12}^{(2)} = \left\langle I_1 I_2 \right\rangle = \left\langle E_2^* E_1^* E_1 E_2 \right\rangle \tag{2.6}$$

相应的归一化二阶关联函数为

$$g^{(2)} = \frac{\langle I_1 I_2 \rangle}{\langle I_1 \rangle \langle I_2 \rangle}$$

$$= \frac{\langle E_2^* E_1^* E_1 E_2 \rangle}{\langle E_1^* E_1 \rangle \langle E_2^* E_2 \rangle} \tag{2.7}$$

对于热光源，若用光场的一阶自关联和互关联函数来表示二阶关联函数，有

$$G^{(2)} = G_{11}^{(1)} G_{22}^{(1)} + G_{12}^{(1)} G_{21}^{(1)} \tag{2.8}$$

对于归一化的二阶关联函数，有

$$g^{(2)} = 1 + \left| g_{12}^{(1)} \right|^2 \tag{2.9}$$

从表达式上可知，热光的二阶关联函数的取值范围为[1,2]。此外，从式（2.9）中可以很明显地观察到 HBT 实验中的干涉性质，同一阶关联的情形一样，式中的第二项表示两个时空点处的交叉关联，由于两个时空点处光场初始相位的不同而产生相长或者相消的结果，进而影响二阶关联函数整体的数值，从而使人们得以借由二阶关联中显现的干涉特征提取有用的信息。

鬼成像技术诞生自与 HBT 实验和二阶关联相关的讨论，它本身就是一种基于二阶关联计算来重构待测目标像的成像技术。然而，鬼成像中所使用的二阶关联函数相比于光的二阶关联的原始定义略有差别。从 2.2 节开始，本书将以鬼成像系统中的二阶关联函数作为起点，逐步对鬼成像系统中的各个环节展开研究和讨论。

■ 2.2　二阶关联函数的理论研究

自 2002 年，Bennink 等[23]提出使用经典的热光源也可以实现鬼成像后，关于鬼成像的物理解释出现了两种完全不同并且截然相反的观点。Shih 等认为鬼成像之所以能够实现，是因为量子纠缠在其中扮演了非常重要的角色，他们将其解释为光子与自身进行干涉，因而在两个平面上产生非局域的点对点关联[40,42,47,49]。然而，Shapiro 等[41,48]提出了计算鬼成像（computational ghost imaging，CGI），这一成像方案应用空间光调制设备，省去了"参考臂"光路，只用"物臂"一条光路就实现了物像的还原。由于只有一条真实光路，这意味着鬼成像的"物臂"和"参考臂"两条光路中的信息只有"物臂"中的信息是实际测量得到的，而"参考臂"的数据则是预先已知的，并没有进行实际测量。这样一来，照明光的量子干涉效应也就无法在二阶关联计算过程中发挥作用。计算鬼成像的成功实现证明，对于鬼成像技术来说，量子纠缠并不是实现鬼成像所必要的条件。事实上，在现今已经实现的大部分鬼成像模型中，其成像过程背后的物理原理都指向一个基本机制：基于统计加权平均的二阶关联测量。

2.2.1　双臂鬼成像与单臂计算鬼成像

图 2.2 给出了典型的双臂鬼成像与单臂计算鬼成像的原理图。

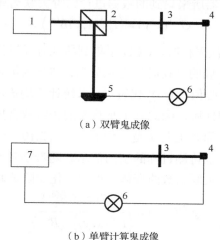

（a）双臂鬼成像

（b）单臂计算鬼成像

图 2.2　鬼成像的原理示意图

1. 赝热光；2. 分束器（50∶50）；3. 待测目标；4. 单像素桶探测器；
5. 具有空间分辨能力的探测器；6. 关联计算；7. 可编程光源

如图 2.2 所示，对于一个传统的双臂赝热光鬼成像架构，使用的光源为赝热光。赝热光通常是由激光照射在旋转的毛玻璃上制备而来。由于毛玻璃上各处厚度不均匀，呈现随机分布，这就使得相干光在经过毛玻璃以后会受到随机的相位调制，进而在空间上形成具有随机涨落的光强分布。这与热光场的瞬时强度涨落分布具有类似的性质，故"赝热光"由此得名。需要指出的是，热光的相干时间非常短，以至于现有的探测器无法直接探测得到其光强的瞬时涨落分布。但对于赝热光来讲，由于可以人为控制毛玻璃的粗糙度和旋转速度，因此，赝热光的时间相干性和空间相干性都能得到较为精确的控制，使得鬼成像的技术实现变得简单。赝热光经过一个 50∶50 分束器，被分成两束空间上强度分布相同的光，经过相同距离的传播，分别到达待测目标所处的平面和具有空间分辨能力的探测器所处的平面，这里的探测器通常是一个电荷耦合器件（charge-coupled device，CCD）。由于两条光路的传播条件相同，可以认为在上述两个平面上所形成的光强分布呈现镜像关系，经过适当的坐标变换即可获得相同的光强分布情况，因此，在经典理论框架下，参考臂（CCD 所处的那条光路）实际上是用于测量照明光场在待测目标平面所形成的光强分布情况的。一旦有办法知道待测目标所处平面上的照明光的光强分布情况，参考臂就可以被省略，计算鬼成像正是这样一种方案。在计算鬼成像方案中，赝热光被替换为一个可编程的先验光源，这样一来，就可以通过计算来得知物体平面处的照明光的光强分布情况，实验架构大大地被简化了。另外，在探测臂（单像素桶探测器所处的那条光路）上，照明光场穿过待测目标后，被一个单像素桶探测器所收集，它通常是一个光电二极管。最终，是对探测臂和参考臂上两个探测器所采集到的数据进行二阶关联运算来完成物像还原的：

$$G^{(2)}(x,y) = \left\langle I_R^{(n)}(x,y)B^{(n)} \right\rangle_n \tag{2.10}$$

式中，$I_R^{(n)}(x,y)$ 为第 n 次采样时，CCD 采集到的或者经过计算得来的照明光源在待测目标所处平面所形成的"瞬时"光强分布；$B^{(n)}$ 为第 n 次采样时，单像素桶探测器所采集到的总光强值；$\langle\cdots\rangle$ 代表对 n 求统计平均值。在经典理论框架下，由于不考虑光源的纠缠性质，因此基于赝热光的传统双臂鬼成像与基于可调制光源的单臂计算鬼成像在原则上其实是等价的。式（2.10）通常被称为未归一化的二阶关联函数，它包含了待测目标的空间信息。随着学者不断深入地研究，现在已经发展出了不少二阶关联函数的变体，如归一化二阶关联函数[66]：

$$g^{(2)}(x,y) = \frac{\left\langle I_R^{(n)}(x,y)B^{(n)} \right\rangle_n}{\left\langle I_R^{(n)}(x,y) \right\rangle_n \left\langle B^{(n)} \right\rangle_n} \tag{2.11}$$

再如差分二阶关联函数[64]：

$$G_D^{(2)}(x,y) = \left\langle I_R^{(n)}(x,y)B^{(n)} \right\rangle_n - \left\langle I_R^{(n)}(x,y) \right\rangle_n \left\langle B^{(n)} \right\rangle_n \tag{2.12}$$

式（2.11）和式（2.12）衍生自式（2.10）中给出的未归一化的二阶关联函数，有效地提升了重构图像的质量。但为了更好地分析鬼成像的成像机制和二阶关联函数在重构物体的像时起到的作用，本节仍然采用未归一化的二阶关联函数进行相关的分析和讨论。

2.2.2　二阶关联函数重构物体像的机制

为了揭示二阶关联函数在重构待测目标的像的过程中所起到的作用，需要推导二阶关联函数的基本形式。因此，在本小节中，首先从使用二值散斑照明对二值待测目标实施计算鬼成像这种最基本的情形入手，来研究二阶关联函数重构物体像的机制，以给出基本规律。为了使研究更加方便和清晰，对本小节所研究的计算鬼成像模型做如下规定。

（1）对所研究的所有平面进行一维化和像素化，均匀剖分成 M 个像素点，像素点尺寸为 Δx。

（2）使用可编程的预制光源产生 K 个二值照明图样 $I_R^{(n)}$，且

$$I_R^{(n)}(\xi) = \begin{cases} 1, & \text{代表此像素点将会被照亮} \\ 0, & \text{代表此像素点不会被照亮} \end{cases} \tag{2.13}$$

式中，n 代表第 n 个二值照明图样。在此基础上，进一步假设每个二值照明图样中都只有 α 个像素点被照亮，即满足 $\sum_{\xi=1}^{M} I_R^{(n)}(\xi) = \alpha$，并且，考虑这一系列二值照明图样彼此独立，并构成一个完备集合。根据以上条件，易知 $K = C_M^\alpha$，其中 $C_M^\alpha = \dfrac{M!}{\alpha!(M-\alpha)!}$ 为组合数。

（3）待测目标为一个像素化的二值透过物体，其具有透射函数

$$T(\xi) = \begin{cases} 1, & \text{代表该像素点透光} \\ 0, & \text{代表该像素点不透光} \end{cases} \tag{2.14}$$

式中，$\xi = 1, 2, \cdots, M$。且待测目标中具有 β 个透光像素点，即 $\sum_{\xi=1}^{M} T(\xi) = \beta$。

这时，未归一化的二阶关联函数可以表示为

$$G^{(2)}(\xi) = \frac{1}{K} \sum_{n=1}^{K} I_R^{(n)}(\xi) B^{(n)} \tag{2.15}$$

接下来研究使用二值散斑图对二值物体进行计算鬼成像时，二阶关联函数的一般形式。第 n 次采样时所得到的桶探测器信号可以表示为

$$B^{(n)} = \sum_{\xi_0=1}^{M} I_R^{(n)}(\xi_0) T(\xi_0) \tag{2.16}$$

在以上的条件下，桶探测器信号的值只可能是非负的整数。它的最大值不会大于总透光像素点数 β 和散斑照明图样中的白色像素点数 α 二者中的最小值，最小值则取决于 α 个点和 β 个点在 M 个空位中的最小重叠，由此，桶探测器信号的取值范围可以由式（2.17）给出：

$$B^{(n)} \in [\max(0, \alpha+\beta-M), \min(\alpha, \beta)] \tag{2.17}$$

实际上，如果把全部的测量步骤都拿出来观察，会发现同一个桶探测器信号的值可能对应多个不同的散斑照明图样。基于这样的规律，可以把所有的测量步骤按照其产生桶探测器信号的值进行分组。假设桶探测器信号 $B^{(n)}$ 最多可以取 S 个不同的值，显然，$S = \min(\alpha, \beta) - \max(0, \alpha+\beta-M) + 1$。令 $\{B_\zeta\}$ 表示桶探测器信号所能取的所有值的一个集合：

$$\{B_\zeta\} = \{B_1, B_2, B_3, \cdots, B_S\} \tag{2.18}$$

相应地，将不同桶探测器信号所对应的散斑照明图样也分成 S 个组：

$$\{I_{R,\zeta}\} = \{\{I_{R,1}\}, \{I_{R,2}\}, \{I_{R,3}\}, \cdots, \{I_{R,S}\}\} \tag{2.19}$$

式中，$\{I_{R,\zeta}\}$ 代表同样产生强度为 B_ζ 的二值散斑照明图样的集合。经过重组后，二阶关联函数可以被重写为

$$G^{(2)}(\xi) = \frac{1}{K}\sum_{\zeta=1}^{S} B_{\zeta}\sum_{\eta=1}^{k_{\zeta}} I_{R,\zeta,\eta}(\xi) \qquad (2.20)$$

式中，$I_{R,\zeta,\eta}(\xi)$ 代表二值散斑照明集合 $\{I_{R,\zeta}\}$ 中一维化的第 η 个散斑照明图样；k_{ζ} 代表集合 $\{I_{R,\zeta}\}$ 中散斑照明图样的个数，它的取值是可以确定的，但在确定其取值前，需要将所研究的二阶关联函数按照待测目标的空间分布形式分成两个区域——信号区（signal region）与背景区（background region），如图 2.3 所示。

待测目标　　二值散斑照明图样　　重构图像

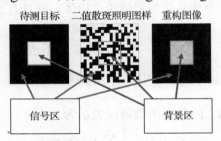

信号区　　　　　　　　　背景区

图 2.3　二阶关联函数信号区与背景区的划分

如图 2.3 所示，二阶关联函数与散斑照明图的"信号区"为它们自身内部的对应于待测目标透光位置的那些像素点的集合，而它们的"背景区"为它们自身内部的对应于待测目标不透光位置的那些像素点的集合。

很显然，有以下规律成立。由于已经限定了每张二值散斑照明图样中白色像素点的数量恒定为 α、总像素点数为 M 以及物体具有 β/M 的透射率，因此，确定 k_{ζ} 的取值实际上等效于求解以下问题：当二值散斑照明图样中的白色像素点在信号区中进行自由组合的条件下，余下的白色像素点在背景区中再进行自由组合，一共有多少种可能的情况。由于 k_{ζ} 代表集合 $\{I_{R,\zeta}\}$ 中二值散斑照明图样的个数，这个集合内的二值散斑照明图样具有一个共同的特征——都产生强度为 B_{ζ} 的桶探测值，这也就是说，这些二值散斑照明图样中始终会有 B_{ζ} 个像素点落在信号区内，信号区一共有 β 个空位。由此易知 k_{ζ} 的值为

$$k_{\zeta} = C_{\beta}^{B_{\zeta}} C_{M-\beta}^{\alpha-B_{\zeta}} \qquad (2.21)$$

令 ξ_i 和 τ_j 分别代表二阶关联函数或二值散斑照明图样中信号区像素点与背景区像素点的空间坐标。其中，$i=1,2,3,\cdots,\beta$；$j=1,2,3,\cdots,M-\beta$。将每个二值散斑照明图样按照其信号区和背景区的划分拆分为两个小向量，对于信号区：

$$R_{s,\zeta,\eta} = [I_{R,\zeta,\eta}(\xi_1), I_{R,\zeta,\eta}(\xi_2), I_{R,\zeta,\eta}(\xi_3), \cdots, I_{R,\zeta,\eta}(\xi_{\beta})] \qquad (2.22)$$

对于背景区：

$$R_{b,\zeta,\eta} = [I_{R,\zeta,\eta}(\tau_1), I_{R,\zeta,\eta}(\tau_2), I_{R,\zeta,\eta}(\tau_3), \cdots, I_{R,\zeta,\eta}(\tau_{M-\beta})] \qquad (2.23)$$

同样地，对二阶关联函数也进行相应划分。接下来研究信号区与背景区的二阶关联函数的值。

由信号区小向量构成的集合 $\{R_{s,\zeta}\}$ 中将包含 $C_{M-\beta}^{\alpha-B_\zeta}$ 个重复子集，这个重复子集为 B_ζ 个白色像素点在 β 个空位中进行自由组合所构成的完备集合；相应地，由背景区小向量构成的集合 $\{R_{b,\zeta}\}$ 将包含 $C_\beta^{B_\zeta}$ 个重复子集，这个重复子集为 $\alpha-B_\zeta$ 个白色像素点在 $M-\beta$ 个空位中进行自由组合所构成的完备集合。故而对于信号区，有

$$\sum_{\eta=1}^{k_\zeta}\sum_{i=1}^\beta I_{R,\zeta,\eta}(\xi_i) = \sum_{\eta=1}^{k_\zeta}\sum_{i=1}^\beta R_{s,\zeta,\eta}(i)$$
$$= B_\zeta C_\beta^{B_\zeta} C_{M-\beta}^{\alpha-B_\zeta} \tag{2.24}$$

根据完备集合的性质，若对集合内的向量集合，那么所得到的新向量中各处的元素值都将相等。于是有

$$\sum_{i=1}^\beta I_{R,\zeta,\eta}(\xi_i) = \frac{1}{\beta} B_\zeta C_\beta^{B_\zeta} C_{M-\beta}^{\alpha-B_\zeta} \tag{2.25}$$

将式（2.25）代入重组后的二阶关联函数中可以发现，二阶关联函数在信号区内的取值处处相等：

$$g_s = G^{(2)}(\xi_i)$$
$$= \frac{1}{\beta K}\sum_{\zeta=1}^S B_\zeta^2 C_\beta^{B_\zeta} C_{M-\beta}^{\alpha-B_\zeta} \tag{2.26}$$

同理可知，二阶关联函数在背景区内的取值也是处处相等的：

$$g_b = G^{(2)}(\tau_j)$$
$$= \frac{1}{(M-\beta)K}\sum_{\zeta=1}^S B_\zeta(\alpha-B_\zeta)C_\beta^{B_\zeta} C_{M-\beta}^{\alpha-B_\zeta} \tag{2.27}$$

如此一来，二阶关联函数就将重构图像信号区和背景区通过取值的不同区分开来。

需要指出的是，上述结果只在照明图样集合刚好满足完备条件时才能成立。若关于照明图样的完备性假设不能被满足，照明图样集合为不完备集合或超完备集合时都将导致关系（2.26）和（2.27）不再成立，进而导致二阶关联函数在信号区内的取值不再处处相等，在背景区内的取值也不再处处相等。显然，照明图样集合偏离完备集合的程度越大，信号区（或背景区）内二阶关联函数取值的涨落就越明显，使得最终的重构图像中出现随机涨落的噪点，当照明图样偏离完备集合的程度较大时，甚至会出现信号区内某些像素点对应的二阶关联函数值小于背景区中像素点的情况。一般来说，待测目标的像素点数较多时，完备性条件通常很难被严格地满足，这也是造成鬼成像系统即便在没有外界噪声干扰的情况下仍然给出一个存在噪点的重构图像的根本原因。

下面举一个简单例子来说明二阶关联函数信号区与背景区的取值情况。考虑以下条件：待测目标的透射函数 $T=(1,1,1,0)$，照明图样满足 $M=4$ 和 $\alpha=2$。这时，用于照明的二值散斑图样的个数为 $K=C_4^2=6$，它们分别为

$$\begin{vmatrix} I_R^{(1)}(\xi) \\ I_R^{(2)}(\xi) \\ I_R^{(3)}(\xi) \\ I_R^{(4)}(\xi) \\ I_R^{(5)}(\xi) \\ I_R^{(6)}(\xi) \end{vmatrix} = \begin{vmatrix} 1 & 1 & 0 & 0 \\ 1 & 0 & 1 & 0 \\ 1 & 0 & 0 & 1 \\ 0 & 1 & 1 & 0 \\ 0 & 1 & 0 & 1 \\ 0 & 0 & 1 & 1 \end{vmatrix} \tag{2.28}$$

每张照明图样与待测目标相互作用以后，透射过去的总光强被桶探测器所接收，根据式（2.17）可知桶探测器信号的取值情况为 $B^{(n)} = 1,2$。图 2.4 给出了每次测量的情况示意图。

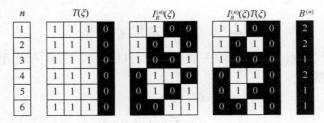

图 2.4 $M = 4$、$\alpha = 2$、$\beta = 3$ 情况下的关联测量情况示意图

根据待测目标的透射函数划分出的信号区为前三个像素点，背景区为最后一个像素点。观察图 2.4，对于 $B^{(n)} = 1$ 的情况，对应的散斑照明图样为(1,0,0,1)、(0,1,0,1)和(0,0,1,1)，显然，在信号区内，照明散斑图样构成了 1（C_{4-3}^{2-1}）个关于 1 个像素点在 3 个空位中进行自由选择而构成的完备集合{(1,0,0),(0,1,0),(0,0,1)}，而在背景区内，则构成了 3（C_3^1）个关于 1 个像素点在 1 个空位中进行自由选择而构成的完备集合{(1)}、{(1)}和{(1)}。同理也可以得到 $B^{(n)} = 2$ 的情形。进而，可以借由式（2.26）和式（2.27）直接计算出信号区对应的二阶关联函数值为 5/6，背景区对应的二阶关联函数值为 3/6。可以看到，原本物体透光的位置对应的二阶关联函数在数值上大于不透光位置的值，透光与不透光区域得到了区分，相当于完成了对待测目标的成像。借助图 2.4 中的计算结果，通过直接叠加，也可以得到二阶关联函数的计算结果为

$$G^{(2)} = \left(\frac{5}{6}, \frac{5}{6}, \frac{5}{6}, \frac{3}{6} \right) \tag{2.29}$$

两种办法得到的结果相互吻合。

此外，观察图 2.4 还很容易发现，对于二值物体和二值散斑照明图的情况，桶探测器所探测到的总光强实际上衡量了当前照射在待测目标上的散斑照明图样和待测目标的相似程度。如此一来，二阶关联函数实际上可以被看成是样本为每张散斑照明图样、权重为每张散斑照明图样照射在待测目标上所产生的桶探测器信号的统计加权平均值计算过程。由于桶探测器信号的值越大，对应散斑照明图

样与待测目标的相似度就越高，因而在整个的计算过程中，那些与待测目标的透射函数相似度高的散斑照明图样总是会获得较大的权重，最终导致二阶关联函数可以直观展现出物体的透射函数。

2.3　计算鬼成像中的正负关联问题

鬼成像的正负关联现象是指，在鬼成像还原物像的过程中，有一部分测量步骤对二阶关联的贡献在直观上产生正常的像，而另外一些测量步骤的贡献则倾向于产生与正常的像倒转的、看起来就像是正常的像的底片一样的"负像"。这种现象最早在 2011 年被发现，随后 Chen 等[101]建立了一套简单的量子相干模型来解释这种现象，并提出了正负扰动符合（positive-negative-fluctuation-coincidence，PNFC）判据从鬼像中剥离出正像部分和负像部分。显然，这套量子相干模型依赖于参考臂和探测臂上热光的"反关联"现象。然而，本书在接下来的论述中会揭示，只有一条光路的计算鬼成像系统中同样能够观测到这种正负关联现象，这显然与热光的"反关联"现象无关；可能有另外一个机制也导致正负关联现象的产生。本节将从理论上对这种现象进行探讨，并通过数值模拟和实验对预先得出的理论进行验证；同时，本节尝试将针对二值物体的讨论拓展至更为一般的灰度物体的情形。

2.3.1　二值待测目标

进行完整关联测量的情况下，由于统计加权平均这一基本机制，二阶关联函数在信号区的值将总是大于背景区的值；这保证了在经验上，鬼成像在直观上总是能恢复出待测目标的像。然而，根据 2.2 节所给出的随机二值散斑条件下的二阶关联函数的表达式（2.26）和式（2.27），在某些特定条件下，恰能出现二阶关联函数在信号区的值小于其在背景区的值的情况，若将满足这种条件的测量步骤集齐并计算其平均值，则所得到的像在直观上就表现为相对于原待测目标灰度倒转的像，也就是"负像"。为了找到判断某一测量步骤是产生"正像"还是"负像"的测量步骤的办法，这里将二阶关联函数在信号区和背景区的值做差，得到

$$\Delta G = g_s - g_b$$

$$= \frac{\gamma}{K} \sum_{\zeta=1}^{S} C_{\beta}^{B_{\zeta}} C_{M-\beta}^{\alpha-B_{\zeta}} B_{\zeta}(MB_{\zeta} - \alpha\beta) \qquad （2.30）$$

式中，$\gamma = \dfrac{1}{\beta(M-\beta)}$；由于 B_{ζ} 只能取非负整数，因此因子 $\dfrac{\gamma}{K}$ 的值恒大于 0；此外，由于组合数的性质，故因子 $C_{\beta}^{B_{\zeta}} C_{M-\beta}^{\alpha-B_{\zeta}}$ 也恒大于 0，这时，式（2.30）的符号仅由项

$B_\zeta(MB_\zeta - \alpha\beta)$ 决定。若将该项看成是关于桶探测器信号 B_ζ 的函数 $f(B_\zeta)$，那么显而易见的是，$f(B_\zeta)$ 是一条开口向上且经过原点的抛物线（图 2.5），并且其具有两个确定的零点：0 以及 $\alpha\beta/M$。

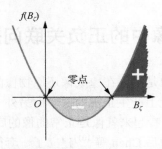

图 2.5   桶探测器信号值与正负关联间关系示意图

容易发现，当桶探测器信号 B_ζ 的值取在 $f(B_\zeta)$ 的两个零点间，即当 $0 \leqslant B_\zeta \leqslant \alpha\beta/M$ 时，二阶关联函数在信号区内的取值将小于或等于其在背景区内的取值；而当 $B_\zeta > \alpha\beta/M$ 时，情况则恰好相反。根据这个规律，可以通过判断某个测量步骤所对应的桶探测器信号取值是否大于 $\alpha\beta/M$，进而将此步骤归类为以下两种：

（1）若某测量步骤对应的桶探测器信号取值满足 $0 \leqslant B_\zeta \leqslant \alpha\beta/M$，则规定该步测量为"负关联测量"。

（2）若某测量步骤对应的桶探测器信号取值满足 $B_\zeta > \alpha\beta/M$，则规定该步测量为"正关联测量"。

将所有的正关联测量的结果相叠加，将得到待测目标的"正像"，记为 $G_+^{(2)}$；同样地，所有的负关联测量的结果相叠加得到的是与"正像"呈现灰度倒转的"负像"，记为 $G_-^{(2)}$。值得注意的是，正常进行计算鬼成像的采样和物像重构时，并不将这些产生"负像"的测量步骤剔除，即二阶关联函数是二者的叠加：

$$G^{(2)} = p_+ G_+^{(2)} + p_- G_-^{(2)} \tag{2.31}$$

式中，p_+ 和 p_- 分别表示正负关联步骤所占比例。尽管统计加权平均原则会使得最终的像仍表现为待测目标的"正像"，但显而易见的是，若能将其中的"负像"成分去除，则能显著地提升重构图像的对比度。根据上面的讨论，我们现在已经知道了如何进行正负关联步骤的区分。

对于一个使用白色像素点数恒定为 α、总像素点数为 M 的随机二值散斑照明图样集合作为光源，对一个透射比为 β/M 的二值透射物体实施计算鬼成像的系统，定义反转因子（reverse factor，RF）为

$$\mathrm{RF} = \frac{\alpha\beta}{M} \tag{2.32}$$

有了反转因子，就可以将鬼成像原有重构图像中的正像部分和负像部分有效地分离开来。此时，若将负像部分做灰度反转操作：

$$G_R^{(2)}(\xi) = \max(G_-^{(2)}(\xi)) - G_-^{(2)}(\xi) \tag{2.33}$$

再将经过灰度反转操作的负像叠加到正像上，理论上可以极大地提高成像质量。

为了验证反转因子以及上面提到的改进成像方案的有效性，本书先设计了数值模拟。在数值模拟中，使用一个尺寸为 20 像素×20 像素，写有 "CUST" 字样的二值照明图样作为待测目标，经测定，其中包含 117 个白色的 "透光" 像素点；利用计算机生成 100000 个尺寸同样为 20 像素×20 像素的随机二值照明图样，每个二值照明图样中都包含 100 个白色的像素点。经过计算，得到的反转因子数值为 29.25，在重构图像时，对测量步骤进行筛选，若桶探测器信号的值大于 29.25，则进行正常叠加；若桶探测器信号的值小于 29.25，则将此步骤执行灰度反转后再进行叠加。数值模拟结果如图 2.6 所示（图中的灰度深浅表示该像素点处的强度大小，本书中所有涉及重构结果的图像都是如此，后面不再一一赘述）。

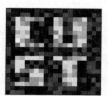
（a）计算鬼成像的正常重构结果

（b）对负像进行灰度倒转后叠加到正像上得到的增强像

（c）正像

（d）负像

图 2.6 计算鬼成像中正负关联现象的数值模拟结果

在实验中，待测目标为一个不透光的铝片，中央部分用激光打标机切割出一个透光的五角星区域，经测定，在成像区域内，物体的总透射率约为 0.2412。预先准备了 20000 个大小为 40 像素×40 像素的随机二值照明图样作为照明图样，其中，每个照明图样中都有 1400 个白色的像素点。图 2.7 分别给出了实验中得出的重构图像，其中，图 2.7（a）～（d）分别为测量次数为 2000 次、5000 次、10000 次和 20000 次时不经处理的重构图像，图 2.7（e）～（h）分别为测量次数为 2000 次、5000 次、10000 次和 20000 次时经正负像区分并将负像做灰度反转操作后叠加到正像上从而获得的增强像。

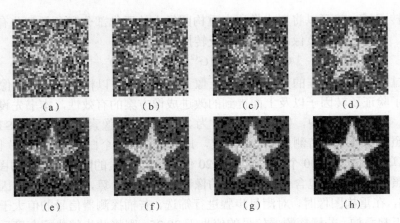

(a)　　　　　　(b)　　　　　　(c)　　　　　　(d)

(e)　　　　　　(f)　　　　　　(g)　　　　　　(h)

图 2.7　使用正负关联进行正负像区分和重构图像增强的实验结果

可以发现，无论是数值模拟结果还是实验结果都验证了理论预测：反转因子能够很好地给出正负像的区分。并且，相比于不经处理的重构图像，经过正负像区分处理的重构图像显然具有更高的质量。

Chen 等[101]提出的 PNFC 判据也可以对鬼成像中产生的正负关联进行分离，在本部分中，将对本书提出的判据与 PNFC 判据进行对比。

基本上，PNFC 判据和本书提出的判据都是给定一个阈值，通过判断某一个测量步骤所对应的桶探测值是否大于这个阈值来判定该步骤是"正关联步骤"或是"负关联步骤"。区别在于，PNFC 判据给出的阈值为桶探测器测量结果的平均值，而本书所提出的反转因子判据则是通过测定物体的总透射率后预先给出一个确定的数值。

为了进行对比，设计了数值模拟实验，采用两种判据分别给出阈值，通过计算得到两种判据给出的阈值与测量次数 K 之间的关系如图 2.8 所示。

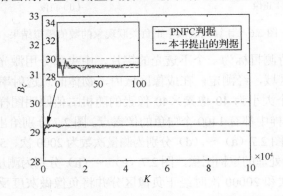

图 2.8　PNFC 判据与反转因子判据的对比

显然，当测量次数足够时，实际上两个判据给出的阈值趋于一致。然而，相比于 PNFC 判据，本书所提出的反转因子判据具有一个明显优势：当能够提前确定待测目标的总透射率时，反转因子可以被预先给出，这也就意味着利用反转因子来做正负关联判据可以实现对正关联步骤和负关联步骤的实时分离，而不必等待测量完毕再统一处理。通过实验结果可以清晰地发现，正负像倒转对鬼成像重构图像质量的提升是非常大的，以至于在同样测量次数下能够出现正常的鬼成像还未能成像但通过负像反转操作就能清晰获得物体像的情况。这充分地说明了反转因子判据能实现实时的正负关联步骤区分这一优势中所隐含的重大意义。

2.3.2　灰度待测目标

在 2.3.1 小节中完成了对二值待测目标的正负像问题的讨论，在实际情况中，通常需要知道某个物体的灰度分布情况，针对这一问题，本小节将讨论带有灰度的待测目标在计算鬼成像中的正负像问题。

假设一个具有 N 阶灰度的像素化的待测目标的透射函数为 $T(i,j)$，显然，它可以被看成是若干个二值待测目标透射函数的线性叠加：

$$T(i,j) = \sum_{l=1}^{N} T_l(i,j) \tag{2.34}$$

这时，相应的二阶关联函数也是每个二值分量的二阶关联函数的线性叠加形式：

$$
\begin{aligned}
G^{(2)}(i,j) &= \left\langle I_R^{(n)}(i,j) \sum_{i',j'} I_R^{(n)}(i',j') \sum_l T_l(i',j') \right\rangle \\
&= \sum_l \left\langle I_R^{(n)}(i,j) \sum_{i',j'} I_R^{(n)}(i',j') T_l(i',j') \right\rangle \\
&= \sum_l G_l^{(2)}(i,j)
\end{aligned} \tag{2.35}
$$

显然，由 2.3.1 小节给出的结论，对于每个二值分量，都存在一个反转因子：

$$\mathrm{RF}_l = \frac{\beta_l \alpha}{M} \tag{2.36}$$

式中，β_l / M 为待测目标第 l 个二值分量的透射比；α 为照明图样中的亮点数。显然，相对于整个灰度待测目标而言，在理论上并不存在一个准确的反转因子。然而，通过数值模拟发现，若将反转因子定义中的二值待测目标的透光像素点与总像素点之比 β / M 用灰度待测目标的总透射比 t 直接替换：

$$\mathrm{RF} = \alpha t \tag{2.37}$$

则新给出的反转因子定义仍然能较为准确地对灰度待测目标正负关联进行区分。

如图 2.9 所示，本小节的数值模拟过程中，选取了 5 个总透射比不同、具有灰度的待测目标，每个待测目标都有 5 阶灰度，待测目标的尺寸为 64 像素×64 像素。

图 2.9　数值模拟中所使用的待测目标

在数值模拟过程中，采用 500000 个 64 像素×64 像素的二值照明图样作为照明光源，每个二值照明图样的黑白像素点比例控制为 1∶1。为了知道反转因子所给出的灰度反转点是不是最佳的反转点，我们使反转点从 0 一直增加到 2048（这是因为在以上限定的条件下，RF 的值最大只可能取到 2048），并逐次实施进行正负像区分的计算鬼成像。对于每个设定的反转点，都可以得到二阶关联函数的形式为

$$G^{(2)}(i,j) = p_+ \left\langle I_{R+}^{(n)}(i,j) B_+^{(n)} \right\rangle + p_- \left\langle I_{R-}^{(n)}(i,j) B_-^{(n)} \right\rangle \tag{2.38}$$

式中，$I_{R+}^{(n)}(i,j)$（$I_{R-}^{(n)}(i,j)$）和 $B_+^{(n)}$（$B_-^{(n)}$）分别代表正（负）关联步骤所对应的二值散斑照明图样与其作用在待测目标上从而产生的桶探测器信号；p_+ 和 p_- 分别表示正负关联步骤所占比例。根据上一小节提出的负关联步骤灰度倒转思想，在重构待测目标的像的时候，对二阶关联函数进行变换：

$$G^{(2)}(i,j) = p_+ \left\langle I_{R+}^{(n)}(i,j) B_+^{(n)} \right\rangle + p_- \left\langle [\max(I_R) - I_{R-}^{(n)}(i,j)] B_-^{(n)} \right\rangle \tag{2.39}$$

式中，$\max(I_R)$ 为二值散斑照明图样中白色像素点相对的强度值（为了计算方便，在数值模拟过程中，这个值一般设置为 1）。一般来说，负像部分在经过了合适的倒转再叠加至正像以后，会显著增加图像中信号区和背景区的区分度。由于这个原因，用对比度值的大小来衡量某次数值模拟中所设置的反转点是否合适将是一个非常不错的办法。

因此，对于每个待测目标，我们分别计算了使用每个反转点后重构得到的图像的对比度，结果如图 2.10 所示（V 表示对比度，K 表示测量次数）。

图 2.10 中的结果显示，反转因子所给出的灰度反转点相比最理想的灰度反转点略小，但总体上给出了一个非常接近的结果，这就意味着，对于一个具有灰度的待测目标，仍然能够使用反转因子对其的正负关联进行相当准确的区分。图 2.11（a）给出了待测目标的理想像；图 2.11（b）为不经任何处理、由计算鬼成像获得的重构图像；图 2.11（c）则是通过反转因子而获得的增强像；图 2.11（d）和（e）分别代表利用反转因子剥离出来的正像与负像。

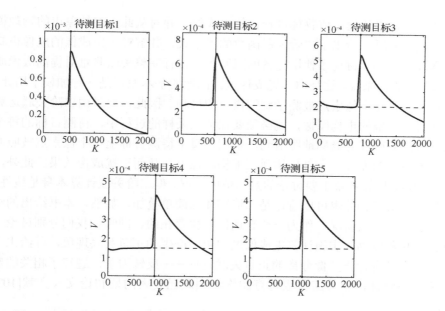

图 2.10　使用不同灰度反转点对鬼像进行增强操作后得到重构图像的对比度情况

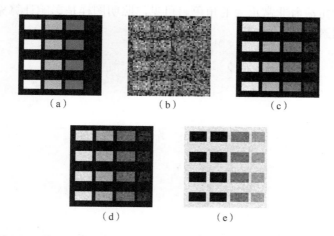

图 2.11　使用反转因子判据进行灰度待测目标的正负关联区分情况

灰度表示像素点的光强，由黑到白表示强度增加

■ 2.4　本章小结

　　本章从光的二阶相关性出发，介绍了鬼成像的经典解释。总的来说，量子纠缠并非实现鬼成像的必要因素。2.2 节讨论了最简单的鬼成像方案，即用二值散斑

照明图样对像素化的二值物体进行计算鬼成像，并对从此方案抽象出的物理模型进行研究和分析，给出了二阶关联函数的表达式，并解释了鬼成像的成像机制。在此基础上进一步讨论了使用完备的照明图样进行完整关联测量对提高成像质量的重要性。总的来说，这是由于鬼成像重构图像的基本原理是一种加权平均计算，本身没有修正每个像素点被测量到的概率的机制。因此，要借由二阶关联运算获得待测目标正确的重构图像，就必须要保证在采样的过程中，待测目标的每个像素点都被照明图样等概率地照射到，否则，每个待测目标上每个像素点被照明图样照亮的概率的差异就会直接体现在重构图像上，从而干扰成像效果。此外，值得注意的是，尽管本章主要讨论的是二值的情况，但二阶关联计算本身是线性的，而更复杂的灰度物体也可以看作是二值物体的简单叠加，显然，本书给出的结论是可以适用于一般情况，作为一个普适性规律存在的。同时，我们分别讨论了对二值物体和灰度物体实施计算鬼成像过程中所产生的正负关联现象，并给出了一个可用于实时进行正负像分离的正负关联判据——反转因子，进行了相关的数值模拟和实验验证，相关工作也可查阅作者团队已发表的期刊论文（文献[102]、[103]）。

在本章的研究过程中发现，具有一定强度涨落的照明光源在对鬼成像的成像质量的影响上扮演着非常重要的角色。可见，照明图样是影响计算鬼成像的成像质量的重要因素。

第 3 章

照明图样对鬼成像的成像质量的影响

　　第 2 章讨论了鬼成像的基于统计加权平均的经典解释，显而易见的是，散斑照明图样的性质会对鬼成像的成像质量产生可观的影响。计算鬼成像方案由于使用一个可调制光源，这可以给制备不同统计性质的散斑照明图样带来非常大的便利，因此本章将在计算鬼成像的框架下，重点讨论不同的照明图样对鬼成像的成像质量的影响。由于热光鬼成像在提出伊始便是基于随机散斑照明图样照明的情况，随机散斑照明图样对成像结果的影响已经被大量研究和讨论[81,85]，因此，随机散斑照明图样方面，本章将会不过多地进行介绍，只介绍一个由第 2 章中推导的二阶关联函数结果直接导出的结论——随机照明图样平均强度对成像对比度的影响。相对地，本章将侧重于有序照明图样的相关内容及有序和随机照明图样方案的对比工作。

■ 3.1　基于随机照明图样的计算鬼成像

　　本节仍然从使用随机二值散斑照明图样对二值待测目标实施计算鬼成像的情况出发，展开讨论。首先，讨论了基于随机照明图样的鬼成像方案的计算复杂度问题，随后，根据第 2 章中二阶关联函数的推导结果得出散斑照明图样的平均强度对重构图像的对比度的影响，利用数值模拟和实验对理论推导出的结果进行验证，并尝试将结论拓展到随机灰度物体的情况。

3.1.1　基于随机照明图样的鬼成像方案的计算复杂度问题

　　由第 2 章中的讨论可知，在理论上，如果采用了一个完备的二值散斑照明图样集合作为光源，则可以通过鬼成像技术准确地恢复出待测目标的空间信息。这是因为，当采用完备的二值散斑照明图样集合对待测目标进行测量时，待测目标的每个像素点都被等概率地测量到了。本书将这种使用完备二值散斑照明图样集合作为光源来进行鬼成像的操作称为完整关联测量。相反，一旦采用不完备二值散斑照明图样集合或超完备二值散斑照明图样集合进行测量时，就会导致待测目标上的每个像素点受到不均匀的照射，由于二阶关联测量的本质是简单的加权平均计算，本身没有修正每个像素点被测量的概率的机制，因此，不均匀的照明会使重构图像出现异常。例如待测目标上某个像素点处被照明图样照亮的概率低于其他的像素点，就可以导致重构图像中，这一像素点处明显暗于其他像素点，反之亦然。这就是由于不完备或者超完备测量本身所带来的干扰。因此，为了减弱这种干扰，通常要求进行完整关联测量，或者近似地进行完整关联测量。

但实际上，随着像素点数的增加，完备集合的体积急剧升高，尽管本节中对于二值散斑照明图样集合的限定已经非常严格，但随着像素点数的增加，其对应完备集合中照明图样的数量仍然会多到无法控制。

对于一组总像素点为 M，白色像素点比例为 α / M 的二值散斑照明图样构成的集合，其元素的数量为 C_M^α。考虑一个分辨率为 10 像素×10 像素的待测目标，若使用具有黑白像素各 50 个的二值散斑照明图样集合进行完整关联测量，需要的测量次数已经达到了惊人的 1.0089×10^{29} 次，显然，这种条件几乎不可能实现。但幸运的是，在实际操作中往往并不需要进行完整关联测量也可以使待测目标的大部分空间信息得到恢复，只是会因为没有使用完备的散斑照明图样集合会导致重构图像上产生微小的随机涨落现象。这就导致了在经验上，鬼成像所恢复出来的物体的像中往往带有"雪花点"样的噪声，这是鬼成像的基本机制所决定的，就算没有外界噪声的影响，只要没有进行完整的关联测量，那么就必然会出现这种噪点。

本书到现在为止都只在讨论散斑照明图样为具有确定黑白像素点比例的二值散斑照明图样的情况。但实际上，这可以很容易地推广到随机二值散斑照明图样和随机灰度散斑照明图样的情况上。

原则上来讲，随机二值散斑照明图样所组成的完备集合不过是由多个具有确定黑白像素点比例的二值散斑照明图样的完备集合组成的。而二阶关联计算过程又是一个线性过程，满足叠加原理，因此使用随机二值散斑照明图样所组成的完备集合作为光源进行鬼成像等价于进行了多次本节所讨论的鬼成像过程。其计算复杂度为

$$K_{\text{rand-bin}} = \sum_{i=1}^{M} C_M^i = 2^M \tag{3.1}$$

明显要大于随机二值散斑照明图样情况。对于随机灰度散斑照明图样，它可以看作是若干个二值散斑照明图样的叠加。对于一个相同尺寸、具有 N 阶灰度的随机灰度散斑照明图样构成的完备集合，其计算复杂度更是达到了

$$K_{\text{rand-gs}} = N^M \tag{3.2}$$

显然，以上提到的三种散斑照明图样都可以用来实现对物体像的重构，但是第 2 章中所讨论的情况所具有的计算复杂度是这三种方案中最低的，这就使得在实际操作中能更快地逼近完备状态，也就可以更快地获得更高的成像质量。

需要指出的是，对于第 2 章讨论的方案中有一种非常特殊的情况，那就是 $\alpha = 1$ 和 $\alpha = M - 1$ 的情况。此时，完成完整关联测量所需的测量次数降到了极值 M。这时，如果将二值散斑照明图样一维化并排列为矩阵，通过一系列的矩阵变换操作后，可以得到一个单位矩阵。事实上，除了刚才提到的逐点扫描方案以外，还有许多种经过特殊设计的散斑照明图样，它们都具有高度有序的特征，同时完成完整关联测量所需的次数一般都是可以实现的有限次，而非像随机散斑照明图样一样是不可以实现的有限次。关于这种方案的优劣，将在本章的后两节进行介绍和讨论。

此外，还有一点需要说明的是，近几年较为热门的压缩感知理论指出，当待测信号在特定变换域下具有较好的稀疏性时，则可以通过极少的采样次数获得与真实信号极为相似的重构信号，因而，将其与鬼成像结合可以使计算复杂度小于待测目标的总像素点数 M。压缩感知的核心思想实际上是寻求一个更合适的角度去看同一个信号。所谓在特定的变换域下信号的稀疏性的好坏就是指某一个信号在该信号域下进行表征时需要多少个系数（即自由度），需要的系数越少则稀疏性越好，进而重构信号所需要的次数也更少。例如，在时域下正确表征一个由 100 个数据点构成的离散正弦波信号需要 100 个系数，而在离散余弦变换域下则只需要 1 个系数，即给定正确的频率即可。尽管真实情况中，尤其是在成像领域极少有这种特殊的情况，但只要待测信号在某个变换域下进行表示时，大量的系数接近于 0，则还是可以通过压缩感知近似地重构出待测信号。总的来说，压缩感知理论更加侧重于忽略一些不重要、不关心的细节从而换取采样量的大幅减少，虽然其意义十分重大，但其在严格意义上来讲并不侧重于对信号实施精准还原，因而在本书中暂不过多地讨论与压缩感知理论相关的内容。

3.1.2　随机二值散斑照明图样的平均强度对成像对比度的影响

1. 理论分析

在第 2 章中得出了当使用白色像素点恒定为 α 的随机二值散斑照明图样对一个二值物体进行完整关联测量时，得到的二阶关联函数在信号区和背景区的取值在理论上应该处处相等，其数值可由式（3.3）、式（3.4）分别给出：

$$g_s = G^{(2)}(\xi_i)$$
$$= \frac{1}{\beta K} \sum_{\zeta=1}^{S} B_\zeta^2 \mathrm{C}_\beta^{B_\zeta} \mathrm{C}_{M-\beta}^{\alpha-B_\zeta} \tag{3.3}$$

$$g_b = G^{(2)}(\tau_j)$$
$$= \frac{1}{(M-\beta)K} \sum_{\zeta=1}^{S} B_\zeta (\alpha - B_\zeta) C_\beta^{B_\zeta} C_{M-\beta}^{\alpha - B_\zeta} \qquad (3.4)$$

式中，ξ_i 和 τ_j 分别为信号区和背景区的坐标（$i=1,2,3,\cdots,\beta$；$j=1,2,3,\cdots,M-\beta$）。由于该模型面向二值物体进行成像，因此可以使用对比度很好地度量其成像质量。对比度定义为[98]

$$V \equiv \frac{\overline{I}_{in} - \overline{I}_{out}}{\overline{I}_{in} + \overline{I}_{out}} \qquad (3.5)$$

式中，$\overline{I}_{in}$ 代表重构图像中，对应于原待测目标透光区域的像素点的光强平均值；$\overline{I}_{out}$ 代表重构途中，对应于原待测目标不透光区域的像素点的光强平均值。根据对比度的定义，很容易得到

$$V = \frac{|g_s - g_b|}{g_s + g_b} \qquad (3.6)$$

通过观察式（3.3）、式（3.4）和式（3.6）可以发现，此时重构图像的对比度受到三个基本参数的影响，即二值散斑照明图样的白色像素点数 α、待测目标或二值散斑照明图样的总像素点数 M 以及待测目标透光像素点数 β。由于式（3.6）的解析结果比较复杂，因此在这里对式（3.6）进行了数值计算，结果如图 3.1 所示，其中图 3.1（a）、（b）对应待测目标的透射率分别为 0.2 和 0.4 的情况，两张图的横轴变量衡量了二值散斑照明图样的平均强度。

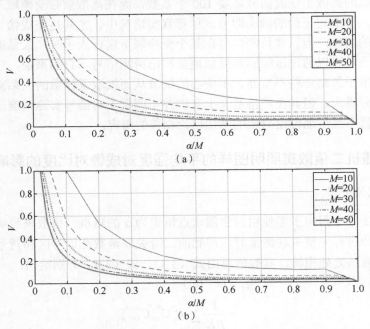

图 3.1　二值散斑照明图样的平均强度对重构图像对比度的影响

图 3.1 给出了这种情况下重构图像对比度的变化情况。其中，关心的自变量参数 α/M 为二值散斑照明图样的白色像素点占比，衡量了每张散斑照明图样的平均强度。可以发现，当 α/M 的值增大时，重构图像的对比度呈现下降趋势。在其他条件不变，当总像素点数 M 增加时，重构图像的对比度总体上也呈下降趋势，这表明，对于同样一个待测目标，若进行更细的剖分（即提高成像的空间分辨率）时，获得的像将具有更低的对比度，相对地，降低成像空间分辨率，也将有助于提高成像的对比度。此外，观察图 3.1 的两个子图也可以发现，待测目标的透射率发生改变时，同样会影响到重构图像的对比度，总的来说，物体透射率越高，重构图像的对比度也就越低。

2. 实验验证

为了验证上述理论结果的有效性，按照图 2.2（b）中的原理图设计了实验，光路图如图 3.2 所示。

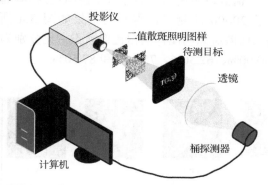

图 3.2 计算鬼成像光路图

实验中使用投影仪作为可调制光源；光信号由桶探测器收集后被安装在计算机中的数据采集卡所采集，数据采集卡为 National Instruments 公司的 NI PCI-6220；桶探测器为硅光电二极管，采用反偏压的接线方式来获取相对线性的光强-电压映射。

如图 3.3 所示，待测目标为一个不透光的铝片，中央部分用激光打标机切割出一个透光的五角星区域。

在进行实验前，首先使用计算机生成符合要求的随机二值矩阵并保存。进行实验的过程中，将预先生成的随机二值矩阵转化为二值散斑照明图样并加载在数字投影仪上，并通过适当的调焦操作使得这些散斑的像被成在待测目标上，投影仪对待测目标进行照明的同时，计算机驱动数据采集卡进行一次同步的数据采集，记录下透过的总光强值。如此反复多次，就完成了数据采集。数据采集完成后，对预先保存至计算机的随机二值矩阵与采集到的桶探测器信号进行二阶关联运算，即为待测目标的鬼像。

图 3.3　待测目标

在本次实验中，我们使用若干组具有不同白色像素点比例的二值散斑照明图样作为照明光源，先后对同一个待测目标进行几组计算鬼成像实验，并给出了每组实验的重构图像。二值散斑照明图样的分辨率被固定为 40 像素×40 像素，并且每组实验都进行了 20000 次测量，得到的结果如图 3.4 所示，其中重构图像（a）~（h）对应的二值散斑照明图样的白色像素点占比分别为 12.50%、18.75%、25.00%、37.50%、50.00%、62.50%、75.00%和 87.50%。

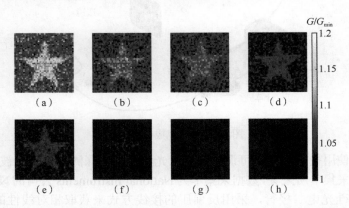

图 3.4　二值散斑照明图样平均强度不同时，通过计算鬼成像得到的重构图像

为了更直观地看出平均强度对重构结果的影响，在图 3.4 中，我们使用 $G_I^{(2)} = G^{(2)} / G_{\min}^{(2)}$ 对二阶关联函数进行了归一化，同时，重构图像（a）~（h）的灰度映射被统一到区间[1.00,1.20]。可以发现，当二值散斑照明图样的平均强度较低时，待测目标的像的辨识度更高。

根据重构图像可以计算出其对应的对比度，结果如图 3.5 所示。

通过观察图 3.5 可以发现，实验结果基本与图 3.1 中的理论结果吻合，很好地验证了本节的理论预测。

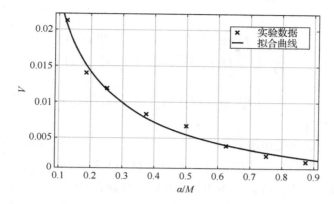

图 3.5　通过计算鬼成像实验得到的重构图像对应的对比度及其拟合曲线

■ 3.2　基于有序照明图样的计算鬼成像

在第 2 章中曾提及基于有序照明图样的计算鬼成像方案，在这种成像方案中所使用的照明图样在生成时被较为严格的条件所控制，一个照明图样集合中往往由固定个数的照明图样组成。与基于随机照明图样的成像方案不同，一般情况下，有序照明图样集合刚好为一个完备集合，由于这些照明图样往往经过特殊设计，使其在理想条件下的成像效率和成像质量是基于随机照明图样的计算成像方案所不能比拟的。除此之外，由于各种有序照明图样自身所具有的一些独特性质，其中的大部分除了可以使用二阶关联函数来实现图像的恢复以外，还可以使用其他算法重构出待测目标的像，具有相当大的研究价值。

常见的有序照明图样集合有 Hadamard 衍生图样、正弦变换图样等。本节将介绍几个典型的基于有序照明图样的计算鬼成像方案，从成像效率、成像质量和鲁棒性三个角度对这些成像方案与基于随机散斑照明图样的成像方案进行对比。

3.2.1　计算鬼成像系统的矩阵表示法

为了更加直观地讨论基于有序照明图样的鬼成像系统，首先来介绍计算鬼成像的矩阵表示法。考虑一维的情况，设第 n 张照明图样的光强分布为 $I_R^{(n)}(x)$，每张照明图样中的总像素点数为 M 个，总共取 M 张照明图样组成照明图样集合。设待测目标的透射函数为 $T(x)$，则桶探测器信号的测量结果可以写成如下矩阵形式：

$$B = \begin{bmatrix} I_R^{(1)}(x_1) & I_R^{(1)}(x_2) & \cdots & I_R^{(1)}(x_M) \\ I_R^{(2)}(x_1) & I_R^{(2)}(x_2) & \cdots & I_R^{(2)}(x_M) \\ \vdots & \vdots & & \vdots \\ I_R^{(M)}(x_1) & I_R^{(M)}(x_2) & \cdots & I_R^{(M)}(x_M) \end{bmatrix} \begin{bmatrix} T(x_1) \\ T(x_2) \\ \vdots \\ T(x_M) \end{bmatrix} \tag{3.7}$$

令

$$\hat{O} = \begin{bmatrix} I_R^{(1)}(x_1) & I_R^{(1)}(x_2) & \cdots & I_R^{(1)}(x_M) \\ I_R^{(2)}(x_1) & I_R^{(2)}(x_2) & \cdots & I_R^{(2)}(x_M) \\ \vdots & \vdots & & \vdots \\ I_R^{(M)}(x_1) & I_R^{(M)}(x_2) & \cdots & I_R^{(M)}(x_M) \end{bmatrix} \tag{3.8}$$

并称之为观测矩阵。

易知二阶关联函数可表示为

$$G^{(2)}(x) = \hat{O}^{\mathrm{T}} \cdot B = \hat{O}^{\mathrm{T}} \cdot \hat{O} \cdot T \tag{3.9}$$

若观测矩阵 $\hat{O}$ 为正交矩阵，则由于正交矩阵的性质，有

$$\hat{O}^{\mathrm{T}}\hat{O} = MI \tag{3.10}$$

式中，I 为单位矩阵。此时，二阶关联函数与待测目标的透射函数只相差常数 M 倍，通过进一步处理，可以认为二阶关联函数严格地给出了待测目标的透射函数。实际上，上述过程等效于求解非齐次线性方程组 $\hat{O}T = B$ 的解，其中，观测矩阵 $\hat{O}$ 相当于方程组的系数矩阵，测量而得的桶探测器信号相当于方程组的常数向量，待测目标的透射函数作为待求解向量。当 $\hat{O}$ 为满秩方阵时，非齐次线性方程组 $\hat{O}T = B$ 的解可以表示为

$$T = \hat{O}^{-1}B \tag{3.11}$$

这表明，通过二阶关联计算可以在理论上无损地获得待测目标的像。

单位矩阵是最简单的正交矩阵，当使用单位矩阵作为观测矩阵时，实施鬼成像的过程与扫描仪的原理没有任何的区别，即逐点、顺次地对待测目标进行照明，并采集照明光的透过情况，最后再将每次的光强测量结果按照照明的坐标填写到重构图像的对应位置上。利用这种方案重构出来的像在理论上拥有最高的对比度，其达到了对比度的极值 1。

在没有外界干扰的情况下，逐点扫描方案并不会像随机照明图样方案那样，在重构图像上产生噪点，这一现象可以从两个角度去解释：从它是一种特殊的随机二值照明图样这个角度来说，由于每张照明图样中都只有一个亮点，对于一个总共具有 M 个像素点的照明图样来说，M 张相互独立的散斑照明图样刚好就构成了一个完备的照明图样集合，由第 2 章的结论可知，这是一种完整关联测量，不会产生噪点。另外，逐点扫描方案的观测矩阵 $\hat{O}$ 是单位矩阵，刚好满足正交性条件，这使得二阶关联运算完全等价于求关于物体透射函数的非齐次线性方程组，理论上可以无损地获得物体的像，自然也就不存在噪点的问题。关于存在外界干扰的情况，将在第 6 章进行相关的讨论。

3.2.2 观测矩阵的正交性检测方法

3.2.1 小节提到计算二阶关联，本质上等价于将观测矩阵 $\hat{O}$ 的转置矩阵作用在

桶探测器信号形成的向量上，即

$$G^{(2)} = \hat{O}^{\mathrm{T}} B \tag{3.12}$$

若观测矩阵是正交矩阵，则其转置矩阵与自身的乘积正比于单位矩阵，这时重构图像刚好正比于物体的待测函数，可以认为无损地恢复了待测目标的信息。因此，检测观测矩阵的正交性可以作为提前预知使用该观测矩阵进行鬼成像得到的重构图像的质量的一种手段。

正交矩阵必须是方阵，这要求测量次数 N 必须和像素点数 M 相等。但是在本质上，对于任何满足

$$\hat{O}^{\mathrm{T}} \hat{O} \propto I \tag{3.13}$$

的观测矩阵（I 表示单位矩阵），应用在鬼成像系统中都可以准确地重构出待测目标的透射函数，因此实际上，若想用观测矩阵的正交性这一概念来作为判断鬼成像的成像质量好坏的基础，需要对该概念进行适当拓展，因此本书提出"扩展正交矩阵"这一概念：无论观测矩阵是否为一个方阵，只要观测矩阵的转置和其自身的矩阵乘积正比于单位矩阵，就称这个矩阵为扩展正交矩阵。相似地，给出长方形矩阵的"扩展正交性"概念。

显然，观测矩阵的扩展正交性可以作为判断鬼成像的成像质量的一个判据。这样做的好处是，这种方式并不依赖于某个具体的待测目标，相反，它可以对使用同一种散斑照明图样的一系列鬼成像实施判断，与 MSE[74]、对比度[98]、信噪比[104] 等依赖于待测目标的判据不同，该判据致力于针对一系列成像方案给出评价。

为了定量地对扩展正交性进行度量，需要给出一个数值指标，定义观测矩阵的"扩展正交度"（extended orthogonality，EO）如下：

$$\mathrm{EO} \equiv \frac{\frac{1}{M}\sum_{m=1}^{M}\hat{\Theta}_{mm} - \frac{1}{M(M-1)}\sum_{m\neq m'}\hat{\Theta}_{mm'}}{\frac{1}{M}\sum_{m=1}^{M}\hat{\Theta}_{mm} + \frac{1}{M(M-1)}\sum_{m\neq m'}\hat{\Theta}_{mm'}} \tag{3.14}$$

式中，M 为待测目标透射函数的总像素点数；$\hat{\Theta}$ 为进行了[0,1]归一化后的观测矩阵的转置与其自身的矩阵乘积：

$$\hat{\Theta} = \frac{\hat{O}^{\mathrm{T}}\hat{O} - \min(\hat{O}^{\mathrm{T}}\hat{O})\hat{O}_1}{\max(\hat{O}^{\mathrm{T}}\hat{O} - \min(\hat{O}^{\mathrm{T}}\hat{O})\hat{O}_1)} \tag{3.15}$$

其中，$\hat{O}_1$ 表示 M 阶纯 1 矩阵。

值得注意的是，在 $\hat{\Theta}$ 中各个元素都相等的情况下，由于在进行式（3.15）所示的归一化过程时，会出现分母为 0 的情况，导致无法给出一个有效值，故特别规定此时的 $\hat{\Theta}$ 为纯 1 矩阵。

显然，对于扩展正交矩阵，其扩展正交度为 1；当 $\hat{\Theta}$ 中的对角线元素为 0，非对角线元素为 1 时，扩展正交度为-1，此时表示重构图像刚好是待测目标灰度

反转后的"负像"，从某种意义上来说，也算准确地获得了待测目标的像；而当扩展正交度接近于 0 时，$\hat{\Theta}$ 中对角线上与非对角线上元素的平均值相仿，这说明使用这种观测矩阵进行鬼成像时不能获得质量较好的重构图像。

扩展正交度是基于观测矩阵，也就是散斑照明图样来判断鬼成像重构图像的质量的，因此，它特别适合用于判断和对比不同的散斑照明图样对成像质量的影响。

3.2.3　基于 Hadamard 衍生图样的计算鬼成像方案

满足正交条件的观测矩阵多种多样，Hadamard 矩阵就是一类正交矩阵。Hadamard 矩阵最开始是为了进行图像信息编码而被提出的，在相当长的一段时间内，其广泛地被应用于图像处理等领域[105]。Hadamard 矩阵是由+1 和−1 两种元素构成的方阵，其阶数与方阵中任意一行或者任意一列中所有元素的平方和相等。最简单的 Hadamard 矩阵是二阶 Hadamard 矩阵：

$$H_2 = \begin{bmatrix} +1 & +1 \\ +1 & -1 \end{bmatrix} \tag{3.16}$$

更高阶的 Hadamard 矩阵可以通过二阶 Hadamard 矩阵进一步生成：

$$H_4 = H_2 \otimes H_2 = \begin{bmatrix} +1 & +1 & +1 & +1 \\ +1 & -1 & +1 & -1 \\ +1 & +1 & -1 & -1 \\ +1 & -1 & -1 & +1 \end{bmatrix} \tag{3.17}$$

$$H_{2^N} = H_{2^{N-1}} \otimes H_2$$

由此可知，Hadamard 矩阵的阶数只能是 2 的正整数次幂。

显然，利用这种矩阵作为观测矩阵，可以获得与单位矩阵类似的效果。在操作中，将 Hadamard 矩阵逐行抽出，并重组成方阵，便形成了可直接用于照明的 Hadamard 衍生图样，如图 3.6 所示。

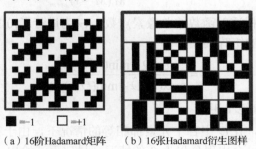

■ =−1　　□ =+1

（a）16阶Hadamard矩阵　　（b）16张Hadamard衍生图样

图 3.6　16 阶 Hadamard 矩阵和其产生的 16 张 Hadamard 衍生图样

但在实际应用过程中，还存在一个问题。计算鬼成像是一种基于主动照明的成像方案，而实际操作的过程中并不能产生负值照明。因此，若要将 Hadamard

矩阵作为计算鬼成像的观测矩阵，需要先将其变形，使其不再具有负值元素。对一个 M 阶 Hadamard 矩阵作如下变换：

$$H_{M+} = \frac{H_M + 1}{2} \tag{3.18}$$

此时，经过变换的 Hadamard 矩阵中只有 0 和 1 两种元素，看似可以直接作为观测矩阵，但实际上，这种变换破坏了 Hadamard 矩阵的正交性。矩阵 H_{M+} 和其转置的乘积不再等于单位矩阵的整数倍，通过 Hadamard 矩阵的性质可知，此时

$$H_{M+}^{\mathrm{T}} H_{M+} = \frac{M}{4} + \frac{M}{4} I_M + \frac{M}{4}\begin{bmatrix} 1 & 0 & \cdots & 0 \\ 1 & 0 & \cdots & 0 \\ \vdots & \vdots & & \vdots \\ 1 & 0 & \cdots & 0 \end{bmatrix}_{M\times M} + \frac{M}{4}\begin{bmatrix} 1 & 1 & \cdots & 1 \\ 0 & 0 & \cdots & 0 \\ \vdots & \vdots & & \vdots \\ 0 & 0 & \cdots & 0 \end{bmatrix}_{M\times M} \tag{3.19}$$

此时经由二阶关联函数计算得到的重构结果为

$$
\begin{aligned}
G^{(2)}(x) &= \frac{1}{M} H_{M+}^{\mathrm{T}} H_{M+} T(x) \\
&= \begin{bmatrix} 1 & \frac{1}{2} & \frac{1}{2} & \cdots & \frac{1}{2} \\ \frac{1}{2} & \frac{1}{2} & \frac{1}{4} & \cdots & \frac{1}{4} \\ \frac{1}{2} & \frac{1}{4} & \frac{1}{2} & \cdots & \frac{1}{4} \\ \vdots & \vdots & \vdots & & \vdots \\ \frac{1}{2} & \frac{1}{4} & \frac{1}{4} & \cdots & \frac{1}{2} \end{bmatrix} \cdot \begin{bmatrix} T(x_1) \\ T(x_2) \\ T(x_3) \\ \vdots \\ T(x_M) \end{bmatrix} \\
&= \begin{bmatrix} T(x_1) + \frac{T(x_2)}{2} + \frac{T(x_3)}{2} + \cdots + \frac{T(x_M)}{2} \\ \frac{T(x_1)}{2} + \frac{T(x_2)}{2} + \frac{T(x_3)}{4} + \cdots + \frac{T(x_M)}{4} \\ \frac{T(x_1)}{2} + \frac{T(x_2)}{4} + \frac{T(x_3)}{2} + \cdots + \frac{T(x_M)}{4} \\ \vdots \\ \frac{T(x_1)}{2} + \frac{T(x_2)}{4} + \frac{T(x_3)}{4} + \cdots + \frac{T(x_M)}{2} \end{bmatrix}
\end{aligned} \tag{3.20}
$$

可见，最终得出的二阶关联函数并不与物体的透射函数呈现严格的正相关关系，此时重构出来的像将产生明显的失真。具体表现为第一个像素点的强度值被严重放大了。这通常会导致重构图像中，只有左上角的像素点是可见的。观察式（3.20）可以发现出现这种现象的原因：二阶关联函数在第一个像素点处的数值明显大于其他像素点处的数值，其系数相差一倍。除此之外可以发现，对于不同空间坐标处的

二阶关联函数，都混入了第一个像素点的信息 $T(x_1)$，而且其系数始终是所有项中最大的。幸运的是，这种失真可以通过对二阶关联函数进行适当变形来实现消除。

要消除这种失真，首先应该解决的问题是对第一个像素点的测量值进行矫正。对照明时使用的全部 Hadamard 衍生图样求平均，有

$$\langle H_{M+}(x,n)\rangle_n = \frac{1}{M}\sum_{n=1}^{M}H_{M+}(x,n)$$
$$= \begin{bmatrix} 1 & \frac{1}{2} & \frac{1}{2} & \cdots & \frac{1}{2} \end{bmatrix}^T \tag{3.21}$$

将这个向量与二阶关联函数向量的对应元素一一作商，有

$$\frac{G^{(2)}(x)}{\langle H_{M+}(x,n)\rangle_n} = \begin{bmatrix} T(x_1)+\frac{T(x_2)}{2}+\frac{T(x_3)}{2}+\cdots+\frac{T(x_M)}{2} \\ T(x_1)+T(x_2)+\frac{T(x_3)}{2}+\cdots+\frac{T(x_M)}{2} \\ T(x_1)+\frac{T(x_2)}{2}+T(x_3)+\cdots+\frac{T(x_M)}{2} \\ \vdots \\ T(x_1)+\frac{T(x_2)}{2}+\frac{T(x_3)}{2}+\cdots+T(x_M) \end{bmatrix} \tag{3.22}$$

由于第一张 Hadamard 衍生图样中所有元素值都为 1，所以第一次测量所得到的桶探测器信号为

$$B^{(1)} = \sum_{i=1}^{M}T(x_i) \tag{3.23}$$

故而有

$$\frac{G^{(2)}(x)}{\langle H_{M+}(x,n)\rangle_n} - \frac{B^{(1)}}{2} = \begin{bmatrix} \frac{T(x_1)}{2} \\ \frac{T(x_1)}{2}+\frac{T(x_2)}{2} \\ \frac{T(x_1)}{2}+\frac{T(x_3)}{2} \\ \vdots \\ \frac{T(x_1)}{2}+\frac{T(x_M)}{2} \end{bmatrix} \tag{3.24}$$

这时，干扰项仅剩下第一个像素点处的光强信息 $T(x_1)$，它可以通过实验中测得的数据来间接获得：

$$T(x_1) = 2\langle B^{(n)}\rangle_n - B^{(1)} \tag{3.25}$$

从除第一个像素点以外的全部像素点中扣除 $T(x_1)$，即可实现待测目标的像的正确恢复。上述全部操作可以总结如下：定义特定于正定 Hadamard 衍生图样的重构

函数为

$$G_{H+}^{(2)}(x) = \frac{2\langle H_{M+}(x,n)B^{(n)}\rangle_n}{\langle H_{M+}(x,n)\rangle_n} - 2\langle B^{(n)}\rangle[1-\delta(x_1-x)] \tag{3.26}$$

利用此重构函数所重构出的光强分布将严格等于原待测目标的光强分布，进而实现待测目标的像的无损还原。

3.2.4　基于正弦变换图样的计算鬼成像

在周期性边界条件下，对于任意一个有限长度的函数都可以进行傅里叶展开。考虑一维的情况，假设待测目标的透射函数为 $T(x)$，则其可以展开为

$$T(x) = a_0 + \sum_{m=1}^{+\infty} a_m\cos(mx) + b_m\sin(mx) \tag{3.27}$$

式中，a_0 为直流分量；a_m 与 b_m 分别为不同频率的余弦分量和正弦分量所对应的傅里叶系数。此时，若使用不同频率的正弦波和余弦波作为"照明图样"对待测目标进行照明，则桶探测器信号可表示为

正弦组：

$$\begin{aligned}
B_{\sin}^{(n)} &= \int_0^{\frac{2\pi}{n\omega}} \sin(nx)T(x)\mathrm{d}x \\
&= \int_0^{\frac{2\pi}{n\omega}}\left[a_0\sin(nx) + \sin(nx)\sum_{m=1}^{+\infty} a_m\cos(mx) + b_m\sin(mx) \right]\mathrm{d}x \\
&= b_m\pi
\end{aligned} \tag{3.28}$$

余弦组：

$$\begin{aligned}
B_{\cos}^{(n)} &= \int_0^{\frac{2\pi}{n\omega}} \cos(nx)T(x)\mathrm{d}x \\
&= \int_0^{\frac{2\pi}{n\omega}}\left[a_0\cos(nx) + \cos(nx)\sum_{m=1}^{+\infty} a_m\cos(mx) + b_m\sin(mx) \right]\mathrm{d}x \\
&= a_m\pi
\end{aligned} \tag{3.29}$$

推导过程中利用了三角函数的正交性：

$$\begin{aligned}
& \int_0^{\frac{2\pi}{n}} \sin(nx)\mathrm{d}x = 0 \\
& \int_0^{\frac{2\pi}{n}} \cos(nx)\mathrm{d}x = 0 \\
& \int_0^{\frac{2\pi}{n}} \sin(nx)\cos(nx)\mathrm{d}x = 0 \\
& \int_0^{\frac{2\pi}{n}} \sin(nx)\sin(mx)\mathrm{d}x = \delta(m-n)\pi \\
& \int_0^{\frac{2\pi}{n}} \cos(nx)\cos(mx)\mathrm{d}x = \delta(m-n)\pi
\end{aligned} \tag{3.30}$$

实际上，桶探测器信号的强度刚好与对待测目标实施傅里叶级数展开后，不同频率的正弦波或余弦波所对应的傅里叶系数成正比。

根据以上条件，求得二阶关联函数为

$$
\begin{aligned}
G^{(2)}(x) &= \left\langle I_R^{(n)}(x) B^{(n)} \right\rangle \\
&= \frac{1}{2}\left\langle I_{\sin}^{(n)}(x) B_{\sin}^{(n)} \right\rangle + \frac{1}{2}\left\langle I_{\cos}^{(n)}(x) B_{\cos}^{(n)} \right\rangle \\
&= \frac{1}{2 f_n}\left[\sum_{n=1}^{f_n} \sin^2(nx) T(x) + \sum_{n=1}^{f_n} \cos^2(nx) T(x) \right] \\
&= \frac{\pi}{2 f_n} \sum_{n=1}^{f_n} a_n \cos(nx) + b_n \sin(nx)
\end{aligned}
\tag{3.31}
$$

可见，当正弦波和余弦波的频率成分数量趋于无限多时，有

$$
G^{(2)}(x) \propto T(x)
\tag{3.32}
$$

很容易将其推广到二维情形：

$$
\begin{aligned}
G^{(2)}(x, y) &\propto \sum_{n=1}^{f_n} h_s^{(n)} \sin(nx) + h_c^{(n)} \cos(nx) \\
&\quad + \sum_{m=1}^{f_m} v_s^{(m)} \sin(my) + v_c^{(m)} \cos(my) \\
&\quad + \sum_{n=1}^{f_n}\sum_{m=1}^{f_m} o_{s,l}^{(n,m)} \sin(nx + my) + o_{c,l}^{(n,m)} \cos(nx + my) \\
&\quad + \sum_{n=1}^{f_n}\sum_{m=1}^{f_m} o_{s,r}^{(n,m)} \sin(nx - my) + o_{c,r}^{(n,m)} \cos(nx - my)
\end{aligned}
\tag{3.33}
$$

式中，$h_s^{(n)}$、$h_c^{(n)}$、$v_s^{(m)}$、$v_c^{(n)}$、$o_{s,l}^{(n,m)}$、$o_{c,l}^{(n,m)}$、$o_{s,r}^{(n,m)}$ 和 $o_{c,r}^{(n,m)}$ 刚好为待测目标在二维傅里叶基下作展开所对应的傅里叶系数，分别对应于横向正弦图样、横向余弦图样、纵向正弦图样、纵向余弦图样、$[0, \pi/2]$ 的斜向正弦图样、$[0, \pi/2]$ 的斜向余弦图样、$(\pi/2, \pi]$ 的斜向正弦图样和 $(\pi/2, \pi]$ 的斜向余弦图样。因此，二阶关联函数与原待测目标的透射函数仍然趋向于正比例关系：

$$
G^{(2)}(x, y) \propto T(x, y)
\tag{3.34}
$$

显而易见的是，对于基于正弦变换图样的鬼成像方案，可以通过控制参数 f_n 和 f_m，也即调整正弦变换图样的横向和纵向频率成分数量，从而对待测目标实现不同采样率的成像。

针对以上讨论，本书设计了数值模拟。为了更好地展现该方案在不同采样率下进行成像的表现，在数值模拟中，使用 USAF-1951 分辨率检测卡的图像作为待测目标，如图 3.7 所示。

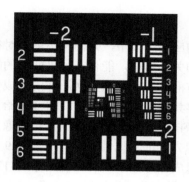

图 3.7　USAF-1951 分辨率检测卡

图中"USAF-1951"的分辨率为 512 像素×512 像素，为 bmp 位图格式。当采用不同数量的频率成分的正弦变换图样对上述待测目标实施鬼成像时，可得到如图 3.8 所示的结果。其中，图 3.8（a）为原始待测目标；图 3.8（b）为 $f_n = f_m = 8$ 时的重构结果，测量次数为 288 次；图 3.8（c）为 $f_n = f_m = 16$ 时的重构结果，测量次数为 1088 次；图 3.8（d）为 $f_n = f_m = 32$ 时的重构结果，测量次数为 4224 次；图 3.8（e）为 $f_n = f_m = 64$ 时的重构结果，测量次数为 16640 次；图 3.8（f）为 $f_n = f_m = 128$ 时的重构结果，测量次数为 66048 次。

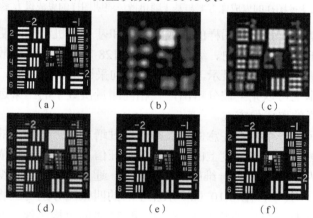

图 3.8　采用基于正弦变换图样的鬼成像方案时，不同采样率下的重构图像

由于该方案还原待测目标的像这一过程的本质是通过桶探测器信号获得傅里叶系数，再利用不同频率的正弦波去拟合出原始待测目标的透射函数，于是，在尖锐边缘附近可以观测到 Gibbs 现象，随着采样率的增加，Gibbs 现象虽然依然存在，但可以得到有效的抑制。此外，随着采样率的增加，重构图像的空间分辨率越来越高，但同时，重构图像所需的测量次数也随之大大增加。一般来说，采取正弦变换图样集合作为鬼成像的照明图样集合时，总共需要的测量次数可以由式（3.35）给出：

$$N = 2(f_n + f_m) + 4f_n f_m \tag{3.35}$$

事实上，在大部分的应用环境中，人们并不需要对待测目标的信息进行完整采样。更多时候人们更加关心的是，能否在尽可能短的时间内获得待测目标的基本特征。显然，在这一方面，基于正弦变换图样的鬼成像方案相对于基于随机散斑照明图样的鬼成像方案具有压倒性的优势。图 3.9 给出了横向、纵向采样率均为 128 时的基于正弦变换图样的鬼成像方案的重构图像与同等测量次数下基于随机散斑照明图样的鬼成像方案的对比情况，其中图 3.9（a）为 $f_n = f_m = 128$ 条件下基于正弦变换图样的鬼成像方案给出的重构图像（512 像素×512 像素）；图 3.9（b）和（c）均为基于随机散斑照明图样的鬼成像方案给出的重构图像，分辨率分别为 128 像素×128 像素和 512 像素×512 像素。

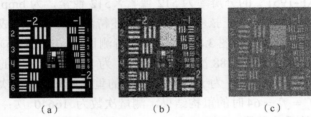

（a）　　　　　　　（b）　　　　　　　（c）

图 3.9　基于正弦变换图样的鬼成像方案与基于随机散斑照明图样的鬼成像方案的成像结果对比

除给出了基于正弦变换图样的鬼成像方案和基于随机散斑照明图样的重构图像以外，还给出了当控制横向、纵向采样率为 128 时，基于随机散斑照明图样的重构图像。数值模拟的结果显示，当横向、纵向采样率为 128 时，原始待测目标中的细节已基本上可以完全被分辨出，在相同测量次数下的结果远远好于基于随机散斑照明图样的鬼成像方案。

该方案的另外一个值得注意的特点是，通过增加单一维度上的采样率，可以更快地获得待测目标在该维度上的高分辨率特征信息。接下来将横向和纵向的采样率分别固定为 64，改变另一维度上的采样率，通过数值模拟，得到的重构图像如图 3.10 所示，其中，图 3.10（a）从左至右的四张图分别对应将纵向采样率固定在 64，横向采样率分别调整为 4、8、16 和 32 时的重构图像，对应的测量次数分别为 1160 次、2192 次、4256 次和 8384 次；相应地，图 3.10（b）从左至右的四张图则分别对应将横向采样率固定在 64，纵向采样率分别调整为 4、8、16 和 32 时的重构图像，对应的测量次数分别为 1160 次、2192 次、4256 次和 8384 次。

通过观察，发现在图 3.10（a）的四个重构结果中，纵向条纹的细节都清晰可辨，而在图 3.10（b）的四个重构结果中，横向条纹的细节都清晰可辨。利用这个性质，可以在某些只关心某一个维度的细节的成像应用环境中，对关心细节的维度采取高解析度采样，而对另一维度采取低解析度采样，从而大大地提高成像的速度。

正弦变换图样集合的生成方式决定了该方案具有另外一个优点：它将支持对待测目标进行实时的、渐进式增加分辨率的成像。这是因为在高采样率的正弦变换图样集合中已经包含了低采样率的正弦变换图样集合，这使得一旦对正弦变换图样集合中的图样进行合适的排序，再在成像系统中引入反馈系统用于判断成像的分辨率是否已经满足要求、是否需要停止测量的话，在理论上就可以实现对物体进行实时的、渐进式增加分辨率的成像操作，这无疑给鬼成像技术的实际应用提供了新的方法和思路。

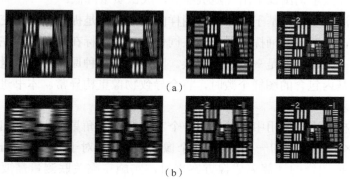

（a）

（b）

图 3.10　单一维度上的高分辨率重构结果

3.3　基于随机和有序照明图样的鬼成像方案的对比

首先来讨论成像效率问题。一般来说，成像效率问题可以通过关联计算的复杂度直接给出答案，关于随机散斑照明图样的方案的计算复杂度问题，本书已在2.2.3 节进行了讨论，由于随机二值散斑照明图样和随机灰度散斑照明图样在计算复杂度和成像质量等方面相对于具有确定黑白比例的二值散斑照明图样而言不具有任何优势，因此在这里不给予进一步讨论。对于一个具有 M 个自由度（即待确定像素点为 M 个）的待测目标，使用白色像素占比固定为 $\dfrac{\alpha}{M}$ 的随机二值散斑照明图样进行完整关联测量时，需要的总测量次数为

$$K_{\text{bin}} = C_M^{\alpha} \tag{3.36}$$

而当使用有序照明图像集合时，由于限定的条件较多，这使得完备性条件通常可以轻易被满足，导致完整测量所需的测量次数骤减。例如使用单位矩阵或 Hadamard 衍生图样时，所需要的总测量次数为

$$K_H = M \tag{3.37}$$

使用正弦变换图样时，在完整采样下，对于正弦组和余弦组，各需要与待测目标像素点数相当的照明图样，因此所需要的总测量次数为

$$K_S = 2M \tag{3.38}$$

从这个结果上看，可以确定基于随机散斑照明图样的方案在成像效率上不具有优势。因为通常情况下，C_M^α 的值相对于 M 和 $2M$ 都非常大；尽管前面讨论过基于随机照明图样的鬼成像方案并不需要进行完整的关联测量，但由于关联测量不完整，往往会导致重构图像中出现随机噪点，成像质量降低。

但值得注意的是，基于有序照明图样的方案往往是提供一个正交完备基作为照明图样库，和对应的桶探测器信号共同作为待测目标在这个正交完备基下的表示。从本质上来讲，这是一种表象变换。因此，当某种原因导致测量次数没有达到正交完备基内包含的图样个数时，将会导致物像重构异常。本书进行了数值模拟来直观展示这一现象。

在数值模拟中，使用中部镂空出一个字母 C 的五角星作为待测目标，其尺寸为 64 像素×64 像素，即一共由 4096 个像素点组成。对于基于 Hadamard 衍生图样和正弦变换图样的计算鬼成像方案来讲，实施完整关联测量需要的测量次数分别为 4096 和 8192 次。图 3.11 分别给出了在测量过程不完全时，使用正弦变换图样［图 3.11（a）］、Hadamard 衍生图样［图 3.11（b）］和随机二值散斑照明图样［图 3.11（c）］作为照明光源时，鬼成像的数值模拟结果。

从图 3.11 的结果中可以发现，在测量不完整时，基于有序照明图样的成像方案明显地出现了不同程度的成像异常。尽管对于 Hadamard 衍生图方案来讲，4000 次的采样已经和完整关联测量非常接近，但最终的成像结果仍然和待测目标有很大的出入。如果只想知道待测目标的大致形状，则还能从重构图像中提取出有用的信息和物体的一部分特征。然而，在对物体所处精确位置和取向等方面的探测中却存在很大的混淆可能性，尤其是在物体本身形状未知的情况下，这一问题将更加严重，例如在图 3.11 中，使用正弦变换图样进行不完整的关联测量时，便无法分辨待测目标到底是一个正置的透光五角星还是一个倒置的遮光五角星。有时，对于物体取向的探测又恰恰是非常关键的，例如军事方面的应用图景。在这种情况下，基于随机散斑照明图样的成像方案虽然具有较差的成像质量，但不完整的关联测量对于待测目标的位置、取向和形状没有影响，这在目标探测上具有不可比拟的优势。

尽管对于使用有序照明图样的方案来说，实现完整的关联测量是较为容易的，但必须要指出的是，在实际的应用过程中，将不可避免地出现一些干扰，从而导致实际上并未实施完整的关联测量。例如，采样过程中突如其来的遮挡。这会导致实际的测量缺失了一些照明图样，这在结果上也会导致进行了一个不完整的关

联测量，从而导致上面所提到的问题。关于外界干扰的影响，在这里只是简单进行说明，在第 5 章还会针对上述问题进行详细讨论。

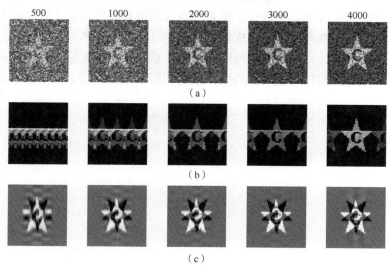

图 3.11　使用不同照明图样作为鬼成像的主动照明光源，
不完整关联测量时所对应的物像重构结果

　　总的来说，在理想条件下，基于有序照明图样的方案相比于随机散斑照明图样的方案在成像效率和成像质量上都具有绝对优势。但当外界干扰导致实际上进行了不完整的关联测量时，基于有序照明图样的方案则会出现成像异常，在某些应用图景中（如目标的方位探测）甚至可以直接判定为成像失败，相比于随机照明图样的方案来讲，成像效率和成像质量上的优势无从谈起。可以说两种方案各有利弊，在实际应用时，可根据情况采用不同的方案。

■ 3.4　本章小结

　　本章主要介绍了照明图样对鬼成像的最终成像质量的影响。首先，延续第 2 章针对使用随机二值散斑照明图样作为照明图样的计算鬼成像系统中的二阶关联函数的讨论，在此基础上进一步研究了二值散斑照明图样中黑色像素点和白色像素点的比例对重构图像可见度的影响情况。除此之外，本章还介绍了基于 Hadamard 衍生图样和正弦变换图样的计算鬼成像。从观测矩阵出发，研究了其正交性对关联测量结果产生的影响，并给出了观测矩阵的扩展正交性判据，用以评价和对比使用不同观测矩阵进行计算鬼成像时的成像质量问题。本章推导了基于

Hadamard 衍生图的计算鬼成像的二阶关联函数，通过对重构算法的适当变换，解决了在使用 Hadamard 衍生图样作为计算鬼成像的光源时，重构图像的左上角像素点数值异常这一问题，并进行了相关的数值模拟和实验验证工作。此外，还扩展讨论了基于正弦变换图样的鬼成像方案在多分辨率成像和局部维度高分辨率成像的优势。最后对几种不同散斑照明图样的计算鬼成像方案进行了对比和讨论，从而使本章在照明图样对鬼成像的成像质量的影响这一问题上的讨论更为细致和全面。

第4章

基于小波变换的计算鬼成像

■ 4.1 小波与小波变换基础理论

小波变换于 20 世纪 70~80 年代开始，逐渐地受到大家关注。小波变换是在傅里叶分析的基础上发展起来的，起初，它是为了解决局部化表征信号的问题而被提出的。从宏观的角度上来看，傅里叶分析是一种全局的线性变换，而小波变换是一种局部的线性变换，它可以通过时域和频域联合表示某个信号，从而从其中提取出更多的信息，这是其一。其二是，它的局部变换属性提供了极强的信号去相关能力，从而在高度压缩信号的条件下，能获得更加干净锐利的信号，免除信号混叠所造成的背景噪声。计算鬼成像系统本身就是一种利用光学途径实现线性变换和反变换的一套系统，因此小波变换理论可以轻易地介入到计算鬼成像系统中来。基于小波变换的种种优势，不仅能实现高效、高质量的计算鬼成像，还能直接从待测目标中获取更多的信息，实现更加复杂的功能。

4.1.1 小波

所谓小波，关键在于小。小的概念是指它的能量集中在有限的区间内，而不像正弦波等"大波"定义在整个实轴上。小波函数必须是平方可积的，即定义在 $L^2(R)$ 空间中。"平方可积"这条性质其实就限定了小波函数的能量分布必须是集中的。因此，诸如直线、无限延伸的波等波函数就被排除在外，只有紧支撑函数，或者无限但快速收敛的函数才有可能成为小波函数。

在数学上，我们使用"容许条件"来更加严谨地判断一个函数是不是小波函数。它定义为

$$\int_{R^*} \frac{|\varPsi(\omega)|^2}{\omega} \mathrm{d}\omega < \infty \tag{4.1}$$

式中，R^* 代表非零实数；$\varPsi(\omega)$ 代表函数 $\psi(x)$ 的傅里叶变换。满足该条件的函数 $\psi(x)$ 就是小波函数，一般称之为母小波函数。这个条件不仅限定了函数的能量必

须是集中的，同时，若函数 $\psi(x)$ 的傅里叶变换 $\Psi(\omega)$ 在原点处是连续的，则容许条件保障了 $\psi(0)=0$ ，即积分

$$\int_R \psi(x)\mathrm{d}x = 0 \tag{4.2}$$

这表明，函数 $\psi(x)$ 在原点附近一定具有某种振荡，或者说"波动"的特征。因此，要满足容许条件，一个函数既要足够"小"，还需要是一个"波"，"小波函数"也因此得名。

小波变换所带来的优势体现在小波的"小"字上。给定一个实数对 (a,b) ，对母小波函数 $\psi(x)$ 进行如下的坐标变换：

$$\psi_{a,b}(x) = \psi(ax-ab) \tag{4.3}$$

参数 a 控制函数 $\psi(x)$ 的缩放，而参数 b 则控制函数 $\psi(x)$ 的平移，分别称为尺度因子和平移因子；$\psi_{a,b}(x)$ 则是母小波函数经过任意缩放平移之后的结果，称为小波。可以看到，小波可以在任意尺度下聚焦到信号中的任意位置，其意义不言而喻。举例说明，傅里叶分析中的"尺子"是各种频率的正弦波，这些正弦波在空间（或时间）上是无限延伸的，很难聚焦到细节。对空间上各区间之间相关性极差的非平稳信号来说，使用正弦波难以准确捕捉到其变化，即便能捕捉到也难以判断其所处位置。然而，小波变换却可以借由自由灵活的伸缩平移，精确定位到突变位置。得益于其极强的数据去相关性，小波变换常常被誉为信号分析界的"显微镜"。

小波的"波"则体现出了小波变换的另一个优势：通过灵活选取不同性质的小波基来实现高效的信号表示和特征提取。特征源于变化，而波动性正是变化的载体，不同形式的波动性也自然承载了不同种类的特征。稍后会讲到，同样是波动，基于方波的 Haar 小波，与 Gauss 函数的一阶导数——Gauss 小波就承载了两类完全不同的变化形式，一个更加适合描述突变信号，另一个更加适合描述渐变信号，各有各自的适用范围。以上两点优势均能助力提高计算鬼成像技术的成像质量和成像效率，同时也将使该技术获得一些有趣的特性，将在本章后续逐一介绍。

4.1.2　小波变换

对于一个有限长的信号 $T(x)$ ，其小波变换定义为

$$\begin{aligned}\mathrm{WT}_T(a,b) &= \sqrt{|a|}\int T(x)\psi^*(ax-ab)\mathrm{d}x \\ &= \langle \psi_{a,b}(x)\,|\,T(x)\rangle\end{aligned} \tag{4.4}$$

式中，a 和 b 代表尺度因子和平移因子。上式给出的是连续小波变换（continuous wavelet transform，CWT）的定义，这意味着尺度因子 a、平移因子 b 以及空间坐标 x 都是连续变化的量。通常情况下，绝大部分小波函数都能够实现连续小波变换，因此连续小波变换框架更易使不同小波基高效表示信号的能力具象化，因为可选小波种类限制较少。但它也有一些问题，首先，连续小波间往往互相交叠，

具有很强的相关性，这带来了较大的数据冗余。其次，对于数字图像信息的获取（就如本书研究的重点——计算鬼成像），不仅要克服空间连续坐标 x 所带来的不便，连续变化的小波参数 a、b 也是需要认真考虑的问题，这主要体现在这些连续参数的离散化上。

对于一些特定的小波函数，可以实现离散小波变换（discrete wavelet transform，DWT）。对离散小波变换来说，尺度因子和平移因子都是一系列离散的点，在数字信息处理上具有优势。能实现离散小波变换的小波基通常是正交完备基，因而能更好地描述数字信号。

4.2　基于 Haar 小波的计算鬼成像

4.2.1　一维 Haar 小波与多分辨分析

首先来介绍最基础的小波函数——Haar 小波。在图像处理领域，它是最常用的小波函数。Haar 小波由定义在区间 $[0,1)$ 的常值尺度函数来生成，它定义为

$$\phi(x) = \begin{cases} 1, & x \in [0,1) \\ 0, & \text{其他} \end{cases} \tag{4.5}$$

上式所提尺度函数同时也称为零级尺度函数。借由两尺度方程和小波方程，可以生成次级尺度函数和零级小波函数（即 Haar 母小波函数）：

$$\phi(x) = \sqrt{2}\left[\phi(2x) + \phi(2x-1)\right]$$
$$\psi(x) = \sqrt{2}\left[\phi(2x) - \phi(2x-1)\right] \tag{4.6}$$

易知，Haar 母小波是定义在区间 $[0,1)$ 的一截方波：

$$\phi(x) = \begin{cases} 1, & x \in [0,0.5) \\ -1, & x \in [0.5,1) \\ 0, & \text{其他} \end{cases} \tag{4.7}$$

Haar 母小波函数是紧支撑的小波函数，拥有最小的消失矩。由两尺度方程和小波方程可知，Haar 小波所对应的各级小波间满足二进缩放关系。令指标 j 和 k 分别表示二进、离散的尺度因子和平移因子，二者之间满足关系：

$$k = 0,1,2,\cdots,2^j - 1 \tag{4.8}$$

由两尺度方程和小波方程，各级所放下的任意平移尺度函数和小波函数可以表示为零级小波函数和零级尺度函数的坐标变换：

$$\phi_{j,k}(x) = \sqrt{2^j}\,\phi\left(2^j x - k\right)$$
$$\psi_{j,k}(x) = \sqrt{2^j}\,\psi\left(2^j x - k\right) \tag{4.9}$$

在式（4.9）中定义的正交、归一的尺度函数系和小波函数系，分别被称为规范 Haar 尺度函数系和小波函数系。由零级尺度函数和零级小波函数所生成的各级尺度函数和小波函数如图 4.1 所示。

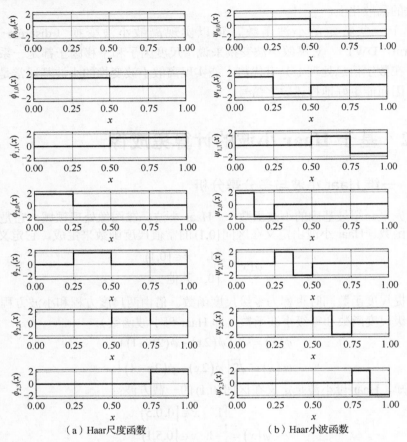

（a）Haar尺度函数   （b）Haar小波函数

图 4.1　由零级尺度函数和零级小波函数所生成的各级尺度函数和小波函数

可见，在同一缩放级别 j 下，尺度函数承载信号的低频信息，而小波函数承载高频信息。尺度函数作用在信号上后，可以看作是原信号的低分辨率版本。此外，每一级尺度函数都可以用上一级的尺度函数和小波函数联合表示出来：

$$\phi_{j+1,2k}(x) = \sqrt{2}\left[\phi_{j,k}(x) + \psi_{j,k}(x)\right]$$
$$\phi_{j+1,2k+1}(x) = \sqrt{2}\left[\phi_{j,k}(x) - \psi_{j,k}(x)\right]$$

（4.10）

这表明，对于一个图像信号进行小波变换，就可以像剥洋葱一样，从全部像素的平均值（1 像素×1 像素）开始逐渐细化空间分布信息，一层一层地逼近至更高分辨率的表示。这就是基于小波变换的多分辨分析（multi-resolution analysis，MRA）的基本手段；此外，各级尺度函数与各级小波函数构成的测量基集合实际上是一个超完备集，存在冗余。实际上，根据 MRA 的逐级获取高分辨率像的思想，仅需要使用零级尺度函数和各级小波函数就能实现对待测信号在目标分辨率下的完备表示，构成一组正交、归一、完备的测量基（图 4.2）。

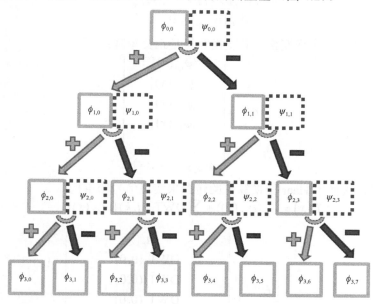

图 4.2　基于 Haar 小波的多分辨分析，利用各级小波函数的介入逐渐提高目标分辨率

可见，对于一个长度为 N 的信号 $T(x)$（这里，我们限定 N 为 2 的整数次幂），则共需要 N 个测量基来完整描述它。这是因为根据信号的长度，最多会产生 $j_{\max} = \log_2 N - 1$ 个缩放级别，每个缩放级别 j 又包含 2^j 个不同的小波函数，而整个测量基集合还需要额外地加上一个零级尺度函数。这样，总共需要的测量基个数为

$$1 + \sum_{j=0}^{j_{\max}} 2^j = N \tag{4.11}$$

相应地，定义基于二进平移伸缩的离散小波变换为

$$\mathrm{DWT}_T(j,k) = \langle \psi_{j,k} \mid T \rangle$$
$$A_T = \langle \phi_{0,0} \mid T \rangle \tag{4.12}$$

式中，DWT_T 代表小波系数，表征各级缩放的高频信息；A_T 是零级尺度和信号 $T(x)$ 的内积，是整个信号的平均值，它代表了信号的初始低频信息。当然，基于小波变换的多分辨分析思想，也可以从信号的任意一级缩放开始进行小波变换，此时对应的初始低频信息为

$$A_T(j,k) = \langle \phi_{j,k} \mid T \rangle \tag{4.13}$$

而小波变换的介入也相应地从第 j 级缩放开始。易知，总共需要的测量基个数仍然为 N 个。

任意两个标准 Haar 小波函数和尺度函数间都满足正交、归一关系：

$$\langle \phi_{j,k} \mid \phi_{j',k'} \rangle = \delta_{j'j}\delta_{k'k}$$
$$\langle \psi_{j,k} \mid \psi_{j',k'} \rangle = \delta_{j'j}\delta_{k'k} \quad (4.14)$$
$$\langle \phi_{j,k} \mid \psi_{j',k'} \rangle = 0$$

则 Haar 小波变换是正交变换，其变换算符是正交矩阵：

$$\hat{H}_a^{(N)} = \begin{bmatrix} \langle \phi_{0,0}(x) \mid \\ \langle \psi_{0,0}(x) \mid \\ \langle \psi_{1,0}(x) \mid \\ \langle \psi_{1,1}(x) \mid \\ \vdots \\ \langle \phi_{\log_2 N-1, N/2-1}(x) \mid \end{bmatrix} \quad (4.15)$$

因此，可以直接使用 Haar 变换算符的转置来实现信号的重构：

$$T(x) = A_T \mid \phi_{0,0}(x)\rangle + \sum_{j,k} \mathrm{DWT}_T(j,k) \mid \psi_{j,k}(x)\rangle$$

$$= \left[\hat{H}_a^{(N)}\right]^{\mathrm{T}} \begin{bmatrix} A_T \\ \mathrm{DWT}_T(0,0) \\ \mathrm{DWT}_T(0,0) \\ \mathrm{DWT}_T(0,0) \\ \vdots \\ \mathrm{DWT}_T(\log_2 N-1, N/2-1) \end{bmatrix} \quad (4.16)$$

4.2.2　二维 Haar 小波变换

为了方便对图像信息的获取和处理，我们有充分的理由去关注 Haar 小波变换的二维形式。二维的 Haar 小波是由定义在 x 和 y 两个轴上的一维 Haar 小波和尺度函数所张成的。尺度函数和小波函数两两自由组合，将会出现四种类别的函数，并表现出明显的空间方向性特征。

下面给出零级尺度函数和零级小波函数所产生的四类二维函数：

$$\phi^{(A)}(x,y) = \mid \phi(y)\rangle\langle\phi(x)\mid$$
$$\psi^{(H)}(x,y) = \mid \phi(y)\rangle\langle\psi(x)\mid$$
$$\psi^{(V)}(x,y) = \mid \psi(y)\rangle\langle\phi(x)\mid \quad (4.17)$$
$$\psi^{(D)}(x,y) = \mid \psi(y)\rangle\langle\psi(x)\mid$$

其中，第 1 式由两个零级尺度函数构建，称为二维尺度函数，标记为 A 系（Average）函数，因在此类别下的尺度函数与信号相互作用时，相当于求信号在该函数覆盖范围内的平均强度而得名。第 2、3 式由尺度函数和小波函数共同构建，区别在于尺度函数分别位于纵向和横向，这在空间上会形成横向或纵向排布的正值和负值分布，从而使得小波函数对信号中横向或纵向的变化较为敏感，因而命名为 H 系（Horizontal）和 V 系（Vertical）小波函数。第 4 式由两个小波函数构建，因而其对对角线方向的变化较为敏感，称之为 D 系（Diagonal）小波函数。

同一维 Haar 小波一样，二维 Haar 小波同样可以通过坐标变换实现任意级别的缩放和相应的平移，从而形成一个正交、归一、完备的测量函数系。对于一个二维小波来说，它应当具有四个参数，分别表征其类别（type）、缩放级别（j）和 x、y 两个方向上的平移（k、m）：

$$\psi_{k,m}^{(\text{type}),j} = 2^j \psi^{(\text{type})}(2^j x - k, 2^j y - m) \tag{4.18}$$

式中，$\text{type} = \text{A,H,V,D}$，为了表述方便，特别令 $\phi^{(A)} = \psi^{(A)}$。对于二维的 Haar 小波来说，同样适用一维情况的多分辨率嵌套关系，即每个 $j+1$ 级的尺度函数都可以通过 j 级的尺度函数和三类小波函数共同表示出来，关于这个问题，此处就不再赘述了。因此，只需要零级尺度函数和各级小波函数就能构成一个正交、归一、完备的测量函数系。图 4.3 给出了两级缩放下的二维小波函数系。

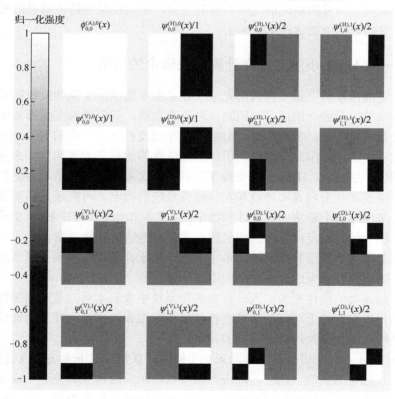

图 4.3　两级缩放下的二维 Haar 小波函数集合

观察图 4.3 可以发现上面所提到的二维 Haar 小波变换函数系中的一类尺度函数和三类小波函数。尺度函数与一维情况相同,能够提供目标信号在特定空间域内的平均值信息。三类小波函数的功能也和一维情况中的小波函数相同——携带高频信息,但表现形式有所差异。由于二维的情况包含了两个延伸方向,因此相应的小波函数也自然包含了两个方向上空间频率孰先高孰先低的问题。一类尺度和三类小波正是二者两两组合的结果。

当两个维度上都为低频时,所得到的就是尺度函数。y 方向上低频而 x 方向上高频时,得到的就是 H 系小波,这类小波的正负值元素在其有效范围内总是呈现左右分布,相应地,它们更容易捕捉信号在横向上的变化;与此相反,则对应 V 系小波,这类小波的正负值元素在其有效范围总是呈现上下分布,也就更容易捕捉信号在纵向上的变化;而当两个维度上都为高频时,所得到的就是 D 系小波,它们主要记录信号在斜向上的变化。

也正是因为如此,二维的 Haar 小波在面向图像信息获取或处理的实际应用时优于其一维形式。这不仅有利于高压缩地保存数据,同时也可以利用三类小波函数对不同取向上信号的响应情况所具有的差异,来实现某些特征信息的提取。这将在接下来的介绍中被逐渐揭示出来。

4.2.3   一维 Haar 小波变换在计算鬼成像中的应用

计算鬼成像本质上是一种利用光学途径来实现的线性变换和反变换系统,这在前面的章节中已经介绍过了。因此从理论上来说,任何线性变换都有望通过计算鬼成像系统来实现。而无论是一维的 Haar 小波变换还是二维的 Haar 小波变换,都是正交、完备的。因此,可以利用计算鬼成像的加权平均重构算法来获得待测目标的图像。这表明,Haar 小波变换在计算鬼成像系统中的移植不会遇到太大的问题。但受到某些来自真实环境和实验硬件系统的影响,可能还是需要通过一些技术手段来保障整个系统的可行性和稳定性。本小节中主要讨论 Haar 小波在计算鬼成像系统中的应用及可能遇到的问题,并相应地给出解决方案。

我们从一维的情况开始讨论,本小节重点在于介绍小波变换(乃至其他的线性变换)如何在计算鬼成像系统中应用。

将不同种类的线性变换引入计算鬼成像系统中来的本质,是照明图样的构造问题。如何确保理论上可行的线性变换基能正常工作,实际上要看构造的照明图样是否能够正确地反映线性变换基的特点。

对于 Haar 小波来讲,首先就遇到一个问题:真实情况下无法生成负值照明,因为光强永远是非负的。相应的解决方案可以参照前面章节中关于 Hadamard 衍生图样的处理方法,将正负图样分开,然后再对测量结果做差分,进而牺牲 1 倍的冗余,但产生与理论相同的结果。

　　其次，各级缩放下的小波所携带的归一化系数也是一个潜在的问题。对于计算鬼成像系统来说，二值化的照明系统永远要优于其他情况。这主要有两个原因：其一，二值化的照明系统需求的数据量更低。例如，对于两张大小同样为 64 像素×64 像素的照明图样，投射一张二值照明图样仅需要向空间光调制设备传递 4kbit 的数据，而对于 8 位灰度的图样，就需要 1Mbit 的数据量。灰度每增加 1 级，数据量就翻 1 倍，由此带来的效率问题不容小觑。其二，目前市面上的空间光调制设备（如投影仪、液晶显示器等）所能提供的灰度分辨能力很低，通常只能达到 8 位，即仅能量化出 256 个等级的灰度值，这个量化能力要远远低于计算机所能达到的水平。在这个条件下，投射出的照明图样的强度分布可能很难反映线性变换基中对应的强度分布，会不断积累量化误差，最终导致成像效果降低等负面影响。

　　好在 Haar 小波的归一化系数只与其所处的缩放层级相关，而与空间分布不相关。基于这个原因，我们将 Haar 小波的归一化系数提取出，这样每张照明图样就变成了二值分布。而在重构的过程中，使归一化系数变为原来的平方，就等效于进行了一次标准的 Haar 小波变换。由于计算机的量化能力要比空间光调制设备好得多，因此，这种方案能够积累更少的量化误差，使结果更加逼近于理论情况，进而提供更加优异的重构表现。

　　解决了如上两个问题，就相当于为 Haar 小波的引入铺平了道路。首先根据目标分辨率确定 Haar 小波基的规模，由于其二进缩放的性质，目标像素点数 N 只能是 2 的整数次幂。随后，根据确定的像素点数构建各级缩放和平移的一维小波基集合。最终按照目标区域的形状将一维小波基排列成 $N_x \times N_y$ 的矩阵形式，再将矩阵按照 0 黑 1 白的规律转化为照明图样，即可利用这些照明图样实现计算鬼成像。

　　按照多分辨分析的思想，可以通过控制缩放级别的多少来实现目标信号的多分辨率成像。接下来，通过一个简单的数值仿真来演绎成像过程，并观察基于 Haar 小波多分辨率计算鬼成像的实际效果。

　　在数值仿真中，我们选取一个 128 像素×128 像素的"小猫"图片作为待测目标，总像素点数 N 为 16384。根据 Haar 小波变换的二进缩放性质，可知最多产生 $j_{max} = \log_2 16384 = 14$ 个尺度缩放级别。生成零级尺度函数 1 个，各级小波函数 16383 个。将这些测量基离散化为 1×16384 的一维向量，再逐行（列）排列为 128×128 的矩阵，最终构成 16384 个照明图样。将这些照明图样按照尺度因子 j 从小到大排列，形成 14 组照明图样，再将零级尺度对应的照明图样置于序列之首，形成照明图样序列。

　　图 4.4 给出了基于一维 Haar 小波的计算鬼成像，各个子图代表了不同重构次数下的重构结果。可以发现，随着缩放级别的降低，相邻像素点发生了不同程度的合并，这直接导致了重构图像分辨率的降低。直观上看，像素点倾向于进行纵

向上的合并，致使纵向分辨率率先降低，这是因为二维的照明图样是将一维离散小波函数逐列排列后堆成的（图 4.5）。由于一维小波变换不具有空间方向上的选择能力，因此在图像信息获取方面的应用十分有限，若想从待测目标中更加有效地获取信息，我们需要进一步讨论二维小波变换的情况。

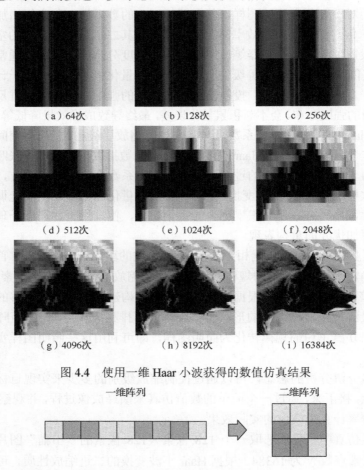

(a) 64次   (b) 128次   (c) 256次

(d) 512次   (e) 1024次   (f) 2048次

(g) 4096次   (h) 8192次   (i) 16384次

图 4.4   使用一维 Haar 小波获得的数值仿真结果

一维阵列   二维阵列

图 4.5   二维照明图样的生成方法示意图

4.2.4   基于二维 Haar 小波变换的快速成像和边缘成像

根据我们在 4.2.2 小节所进行的讨论，由于具有较好的空间方向选择性，二维 Haar 小波变换可以说是为图像信息处理量身定做的一种信号处理方式。在 4.2.3 小节中，我们以一维小波函数为例，又落实了包括离散小波变换在内的线性变换在计算鬼成像中的应用方法。对于离散二维 Haar 小波变换来说，由于各级小波函数本来就是二维矩阵的形式，因此可以直接创建元素值-灰度映射表，并生成照明图样用于照射待测目标，进而经由桶探测器采集二维小波变换系数。

从这些系数中可以提取出一些非常有效的关键信息，本小节重点讨论其中两种重要应用：快速成像和边缘成像。

通过调制照明图样并进行信号采集，计算鬼成像系统获得了待测目标的空间信息在照明图样所对应的变换域下的表示，具体体现为一个时变的光强阵列 $B(t)$。这个阵列中的光强值直接反映出 t 时刻照射在待测目标平面的照明图样 $R(x,y,t)$ 与待测目标 $T(x,y)$ 的相关程度，其光强值越大，说明该图样与待测目标的相关程度越高，也因此提示此照明图样对重构图像的贡献值更大。事实上，重构过程中，$B(t)$ 即为 $R(x,y,t)$ 的权重，因此保证了重要的照明图样始终保有高权重，这也是计算鬼成像系统的基本成像原理，这条规则适用于任何的线性变换算符所构造出来的照明图样。

小波变换的重要特点是局部化程度高，能够对信号进行较好地去相关，从而大幅削减冗余信息，达到压缩信号的目的，对图像信号也不例外。利用 Haar 小波函数系（等价于 Haar 小波变换算子）来进行照明图样的构造，获得的光强序列 $B(t)$ 就是待测目标在小波域下的表示。相比于其他变换域下的表示，图像在小波域下具有更高的稀疏度。这是因为图像信号大多情况下都是非平稳信号，可以很好地使小波变换发挥出其在局部信息提取方面的能力。

接下来，我们通过一组数值仿真来对此问题进行验证。在数值仿真中，采用自然图像"小猫"作为待测目标，图像的分辨率均为 128 像素×128 像素。除此之外，采用一维 Haar 小波、二维 Haar 小波和 Hadamard 基作为线性变换基制作照明图样，分别对两个图像进行计算鬼成像。我们人为地设定阈值，移除不同比例的"非重要"测量步骤，进行不完整的物像重构，得到的重构结果如图 4.6 所示，图中百分比代表对应列的重构结果中保留下来参与重构的重要测量步骤所占全体测量步骤的比例。

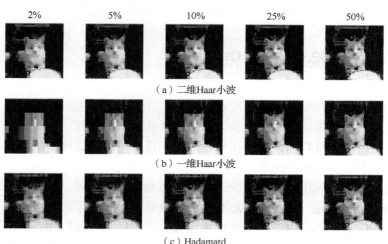

（a）二维Haar小波

（b）一维Haar小波

（c）Hadamard

图 4.6　二维 Haar 小波方案、一维 Haar 小波方案和 Hadamard 方案的压缩重构结果对比

由图中的重构结果可以发现，在相同的重构次数下，作为"全局变换"的 Hadamard 基的重构效果在不该存在强度波动的地方产生了一些噪点，如最下端的树桩和小猫身体白色部分，这是因为 Hadamard 基的能量总是覆盖整个成像区域，完全不稀疏。这导致每个测量基在重构图像时在整个区域叠加信息，在亚采样条件下，由于部分测量基缺失，会出现某些测量基带来的多余信息无法被平衡掉，从而导致重构图像宏观上出现噪点。目标图像越是稀疏，这种现象就越是明显，小波变换的优点也就越是突出。

边缘成像主要利用了二维 Haar 小波具有方向选择性这一特点。根据前文对二维 Haar 小波的介绍我们已经知道了，各级小波函数都分为 H、V、D 三类。H 系小波主要解构横向上的高频信号，而 V 系主要解构纵向上的高频信号，D 系则解构对角方向上的高频信号。这就使得二维 Haar 小波变换在不借助任何改动的情况下就能轻易解析出三种不同的边界。通过计算鬼成像技术，我们可以只投射某一频带下的 H、V、D 三类小波函数中的一类小波所对应的照明图样，再进行图像重构，就可以直接获取目标图像在某个特定方向上的边界。

以图 4.7 中的箭头为例，在其最高频带（ $j=5$ ）下分别使用 H、V、D 三类小波进行计算鬼成像，所得的边界图像如图 4.7 所示。

原始图像　　　全部边界　　　横向边界　　　纵向边界　　　对角边界

图 4.7　利用二维 Haar 小波提取待测目标边界

可以看到通过二维 Haar 小波变换能够很好地提取出图像边界。

4.3　双变换域计算鬼成像

在上一节中，我们已经充分地展示了在计算鬼成像架构中应用小波变换理论的诸多好处。总的来说，小波变换方案在高效获取待测目标空间信息方面具有明显优势，这一优势可以具体体现在快速成像、直接从待测目标中获取边界信息，以及对小面积孤立点的检测上。

然而，在实际应用中，小波变换方案也遇到了一些问题。最为显著的就是抗干扰能力的下降，这一点已经通过我们的实验研究得到了证实。有没有一种办法能够提升抗干扰能力的同时保留其他优点呢？在本章中，我们就将介绍这样一种方法，通过适当的变换域转换方法，使得信号在两种不同变换域下的表示可以相互转化，以达到综合两种线性变换方法优势的目的。

4.3.1　基于 Haar 小波变换鬼成像方案的鲁棒性研究

尽管在数值仿真研究中 Haar 小波方案有诸多好处，它在我们的实验研究中却暴露出了问题。我们发现，在相同的外界噪声干扰条件下，无论是一维情况还是二维情况，Haar 小波方案都出现了成像困难的问题。

实验装置如图 4.8 所示，经过计算机制备的照明图样通过投影仪投射给待测目标，然后通过透镜将透射光收集到桶探测器内。在以上标准计算鬼成像架构的基础上，我们还增加了外界杂光干扰，它是通过将 650nm 的半导体激光器发出的光照射在旋转毛玻璃上，形成时变散射场来实现的。由于激光器的输出功率恒定，散射场的光强呈现高斯随机分布，而单次采样时间又相对较长，因此可以认为该设计能对成像系统产生平均强度稳定的随机噪声干扰。

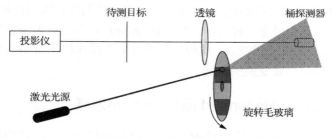

图 4.8　实验装置图

在实验中，我们使用 USAF-1951 分辨率测试板的一部分区域作为待测目标（图 4.9），并对其进行计算鬼成像。

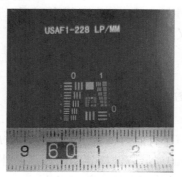

图 4.9　USAF-1951 分辨率测试板

实验中分别使用 Haar 小波生成照明图样；作为一般方案的参考，我们还使用 Hadamard 矩阵生成了照明图样并参与成像，与 Haar 小波方案进行对比。得到的实验结果如图 4.10 所示。

（a）Hadamard　　　　　（b）Haar 小波

图 4.10　Hadamard 方案与 Haar 小波方案的鲁棒性对比

可以发现，相较于 Hadamard 方案，Haar 小波方案的鲁棒性要差很多，在同等条件下甚至难以正常成像。这是因为高频小波基能量高度集中在局部区域中，在二值化的投射方案下，单个照明图样的能量大打折扣。这时，同等强度的噪声就可能对该方案产生更大的影响，而 Hadamard 基则不同，除 $|h_0\rangle$ 外，每个 Hadamard 基的平均强度都恒定为 $N/2$，不存在上述问题，因而鲁棒性表现更好。

这结论迫使我们思考一种方法，将 Hadamard 方案的强鲁棒性加以利用，增强 Haar 小波方案的抗干扰能力。这样，新的方案不仅在较为苛刻的外界条件下实现成像，还能利用小波变换的优势。

4.3.2　域转换：从 Hadamard 域到 Haar 小波域

显然，如果 Hadamard 基与 Haar 小波基能进行相互转换，我们就能通过投射 Hadamard 衍生图样，对采集到的桶探测器信号经过一系列的变换获得 Haar 小波系数，从而很好地综合二者的优势。幸运的是，Hadamard 基和 Haar 小波基之间具有一些内在关联，这使得我们的设想得以实现。

Hadamard 算符可以用 Hadamard 矩阵来表示，其最基本的单元是 2 阶 Hadamard 矩阵，其被定义为

$$\hat{H}_2 = \begin{bmatrix} 1 & 1 \\ 1 & -1 \end{bmatrix} \tag{4.19}$$

N 阶 Hadamard 矩阵 $\hat{H}_N$ 可以通过如下方式生成：

$$\hat{H}_N = \hat{H}_{N/2} \otimes \hat{H}_2 \tag{4.20}$$

Hadamard 算符中的每个行向量就是 Hadamard 基 $\langle h_n|$，这些测量基可以被看作是一系列具有不同频率的局域方波构建的波形。另外，Haar 小波是一系列二进伸缩的局域方波。其尺度函数和小波函数定义为

$$\phi(x) = \sqrt{2}[\phi(2x) + \phi(2x-1)]$$
$$\psi(x) = \sqrt{2}[\phi(2x) - \phi(2x-1)] \tag{4.21}$$

式中，$\phi(x)$ 为零级尺度函数，是值为 1、定义在区间 $[0,1)$ 的常值函数。各级 Haar 尺度和小波均由零级尺度和小波进行伸缩和平移得到：

$$|\phi_{j,k}\rangle = \sqrt{2^j}\,\phi(2^j x - k)$$
$$|\psi_{j,k}\rangle = \sqrt{2^j}\,\psi(2^j x - k)$$

(4.22)

图 4.11（a）和（b）给出了尺度 2 以下的一维 Haar 小波基和 8 阶 Hadamard 算符对应的 Hadamard 基各自的波形图。结合其各自的性质，我们有理由相信，通过合适的线性叠加，Haar 小波基可以转化为 Hadamard 基。

事实上，对 Hadamard 基按其最高空间频率进行分组和重新排序，再对其进行一步线性变换就可以转化为一维 Haar 小波基。这里需要注意的是，最高空间频率是指包括边界处波形在内，某个 Hadamard 基整个波形中所出现的最高空间频率。以图 4.11（b）给出的波形为例，在我们的认定规则下，h_0、h_4 为低频波，h_2、h_6 为中频波，h_1、h_3、h_5、h_7 为高频波。尽管 h_3 在左右方向上延拓时看起来与 h_2 的频率好像是一致的，但其在边界处出现了相对快速变化的阶跃，因此，它被归类为高频组，原因是这种波形所具有的精细结构无法通过中频小波实现重构。

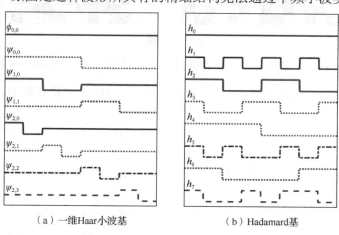

（a）一维 Haar 小波基　　　　　　　（b）Hadamard 基

图 4.11　一维 Haar 小波基和 Hadamard 基的波形图

对 Hadamard 基的排序相对简单：考虑对一个长度为 N 的一维信号作 Hadamard 变换，应生成 N 个长度为 N 的 Hadamard 基，按照顺序进行排列时，只需要一个指标就能表示其在整个序列中的位置。但考虑到小波变换本身按频率进行分组，要想让 Hadamard 基和 Haar 小波基互相转化，其对应位置的基必须具有相同的最高空间频率。为此，我们对 Hadamard 基也引入双指标系统，用指标 j 表示 Hadamard 基的频率组，用指标 i 表示第 j 频率组中的第 i 个 Hadamard 基。基于原生 Hadamard 矩阵的生成规则和性质，可以导出双指标分频 Hadamard 算符和单指标原生 Hadamard 基之间的对应关系：

$$|q_{j,i}\rangle = |h_{\frac{N}{2^{j+1}}+i\frac{N}{2^j}}\rangle$$

(4.23)

令 $\hat{Q}$ 表示分频 Hadamard 算符，则有

$$\hat{Q} = \left[|h_0\rangle \quad |q_{0,0}\rangle \quad |q_{1,0}\rangle \quad |q_{1,1}\rangle \quad |q_{2,0}\rangle \quad |q_{2,1}\rangle \quad \cdots \quad |q_{\log_2 N-1, \frac{N}{2}-1}\rangle \right]^{\mathrm{T}} \quad (4.24)$$

其具体形式如图 4.12 所示。

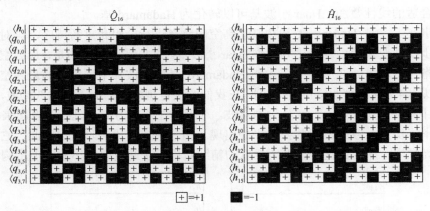

图 4.12　一个 16 阶分频 Hadamard 算符 $\hat{Q}_{16}$ 和原生 16 阶 Hadamard 算符 $\hat{H}_{16}$

在此基础之上我们发现，对于相同的组别 j，Haar 小波基和 Hadamard 基之间存在如下关系：

$$\sqrt{2^j}\,\hat{H}_{2^j} \cdot \begin{bmatrix} \langle q_{j,0}| \\ \langle q_{j,1}| \\ \langle q_{j,2}| \\ \vdots \\ \langle q_{j,2^j-1}| \end{bmatrix} = \begin{bmatrix} \langle \psi_{j,0}| \\ \langle \psi_{j,1}| \\ \langle \psi_{j,2}| \\ \vdots \\ \langle \psi_{j,2^j-1}| \end{bmatrix} \quad (4.25)$$

上式表明，Haar 小波基可以通过对 Hadamard 基施加一次次级的 Hadamard 变换直接得到，同样地，由于变换系数是变换基作用于待测信号得到的，这就意味着通过对 Hadamard 系数施加次级 Hadamard 变换可以直接获得小波系数。

4.3.3　Hadamard-Haar 双域计算鬼成像

上一小节论述的结果表明，Hadamard 基和 Haar 小波基可以共用变换系数，此外，可以分频段准实时地对信号进行域转换而不需要额外的线性变换过程。这使得在计算鬼成像系统中使用一套照明图样就能同时获得目标在两个变换域下的信息表示。

具体采取的策略如图 4.13 所示，首先使用分频 Hadamard 算符构建 Hadamard 照明图样序列，然后按照频率参数 j 从小到大的顺序，分组投射照明图样。每组图样投射完毕后，对采集的一维桶探测器信号施加次级原生 Hadamard 变换，获

得小波系数，然后再用小波系数和相应的小波基完成待测目标的重构，这样做的好处是，投射时利用 Hadamard 基的强鲁棒性获得有效信号，使成像系统抗干扰能力增强；此外，在每一轮小波重构之前，都允许对信号进行小波变换，从而最优化地进行重构，集 Hadamard 方案和小波方案二者的优势于一身。

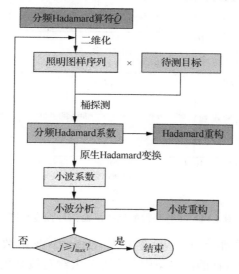

图 4.13　Hadamard-Haar 双域计算鬼成像策略

在计算鬼成像系统中，我们需要一系列的二维照明图样来照亮物体。通常情况下，直接抽取 Hadamard 算符的各行（列）并重排成二维矩阵就可以构造照明图样序列。对于每个 Hadamard 衍生图样来说，其对应的 Hadamard 系数可以通过采集照射目标后通过的总光强来获得，等效于计算待测目标的透射函数 $T(x,y)$ 与照明图样的离散光强分布 $R^{(j,i)}(x,y)$ 的内积来实现，也就是本书中经常提到的桶探测器信号：

$$B^{(j,i)} = \sum_{x,y} R^{(j,i)}(x,y)T(x,y) \qquad (4.26)$$

特别地，我们标记第一个桶探测器信号为 B_0，实际上它代表了待测目标的平均透光率。对于频率参数 j 下的每一组照明图样投射完毕后，通过对获得的桶探测器信号序列施加一次低一阶的原生 Hadamard 变换就可以获得小波系数：

$$
\begin{bmatrix}
d^{(j,0)} \\
d^{(j,1)} \\
\vdots \\
d^{(j,2^j-1)}
\end{bmatrix}
= \sqrt{2^j}\,\hat{H}_{2^j} \cdot
\begin{bmatrix}
B^{(j,0)} \\
B^{(j,1)} \\
\vdots \\
B^{(j,2^j-1)}
\end{bmatrix}
\qquad (4.27)
$$

借助实验，我们成功验证了以上特性，并展示了待测目标的分频 Hadamard 系数和 Haar 小波系数随测量次数的分布情况，分别如图 4.14（a）、（b）所示。

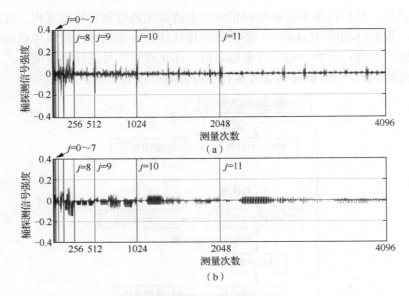

图 4.14　实验获得的桶探测器信号强度数据

从变换系数的分布上来看容易发现 Haar 小波系数的稀疏度明显高于 Hadamard 系数，待测目标的能量集中在少部分大绝对值系数中。这意味着可以利用更少的次数就完成更高质量的待测目标的重构。

通过设置阈值舍弃一些不重要的信号（仅取 15%的大绝对值信号参与物像的重构），我们给出了 Hadamard 方案和提出的 Hadamard-Haar 方案在非全采样条件下的成像结果，如图 4.15 所示，其中，（a）、（e），（b）、（f），（c）、（g）和（d）、（h）分别对应 Hadamard-Haar 和 Hadamard 两种成像方案在最高空间频率级别 $j=11,10,9,8$ 情况下的重构结果。

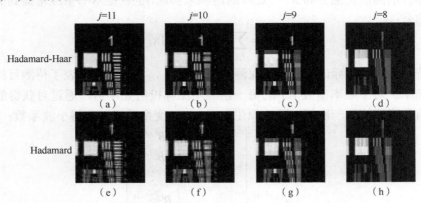

图 4.15　保留 15%重要系数，两种方案在不同缩放级别 j 下的重构结果

观察图 4.15 发现，首先，该方案可以成功地对物体实施成像；其次，相比于

Hadamard 方案，作者提出的 Hadamard-Haar 方案重构结果更加清晰，且边界几乎没有噪点。

在有外界噪声的干扰下，对比 Hadamard-Haar 方案和 Haar 小波方案，重构结果分别如图 4.16（a）、（b）所示。

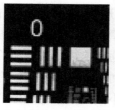

（a）Hadamard-Haar方案　　　　（b）Haar小波方案

图 4.16　同等噪声干扰下的成像结果对比

结果表明，我们提出的方案既解决了 Haar 小波在干扰下成像异常的问题，又能很好地利用小波变换在高效获取图像信息方面的优势，集 Hadamard 变换和小波变换的优势于一身，拓宽了信息获取的维度。相似的思想也可以应用在其他线性变换之间，从而给未来的相关应用带来无限可能。

■ 4.4　基于连续小波变换的计算鬼成像

经过前面的介绍，我们已经大体上了解了小波变换理论在高效信息获取方面的优势。小波函数种类繁多，除了之前介绍的 Haar 小波以外，还有很多种小波函数也在图像信号分析领域有着重要的应用。Haar 小波变换属于离散小波变换，与此相对，还有连续小波变换。使用光滑小波，致使该方法在重构平滑信号方面具有较大的优势。本节将介绍基于连续小波变换的计算鬼成像。

4.4.1　连续小波变换

连续小波变换是相对于离散小波变换的一个概念，是指使用母小波函数的连续伸缩和平移形式对信号进行分析的一种信号变换方式。在连续小波变换中，小波函数的尺度因子和平移因子由原来的离散变量 j、k 变为连续变量 a、b。通常，对信号 f 的连续小波变换被记作 $\mathrm{CWT}_f(a,b)$：

$$\mathrm{CWT}_f(a,b) = \sqrt{|a|} \int f(x)\psi^*(at-ab)\mathrm{d}x$$

$$= \langle f, \psi(a,b) \rangle \tag{4.28}$$

一般，在离散小波变换中，小波函数都是二进伸缩的。因此，尺度因子 j 和平移因子 k 之间将具有唯一确定的关系，即 $k=0,1,2,\cdots,2^j-1$。然而，对于连续小波变换而言，情况发生了变化。其一，小波函数不再一定是二进伸缩的；其二，对于连续小波变换而言，小波函数之间允许发生交叠。因此，在连续小波变换中，打破了尺度因子和平移因子之间的紧密联系。

需要指出的是，与我们的直观认知不同，离散或连续小波变换与使用的小波函数种类之间没有直接的联系。几乎任何形式的小波函数都能实现连续小波变换，例如 Haar 小波。与此相对的是，能实现离散小波变换的小波函数却屈指可数，大部分的光滑小波函数都不在此列。只有通过连续小波变换的方式，才能使用这些光滑小波函数来分析信号，从而充分地利用这些小波函数的性质。

连续小波变换实际上也是一种使用小波函数来逼近原信号的一种手段。在这个背景下，小波函数与信号的相似性将影响到变换后信号的可压缩程度。现在，借由连续小波变换的引入，可以允许我们使用更多种类的小波函数对待定信号进行测试和分析，从而使我们发现一些有趣的结论。

4.4.2　一维 Gauss 小波函数系的构造和离散化

我们从一维的情况开始讨论。Gauss 小波函数是 Gauss 函数的一阶导数形式，其表达式为

$$\psi_{\mathrm{G}}(x) = -\frac{1}{\sqrt{2\pi}} x e^{-\frac{x^2}{2}} \tag{4.29}$$

使用该小波函数对信号进行小波变换之前，需要先构建由该小波函数的伸缩平移变换所组成的小波函数系。根据连续小波变换的定义，对自变量 x 进行适当的坐标变换即可实现这一过程：

$$\psi_{a,b}(x) = \psi(at - ab) \tag{4.30}$$

这里参数 a 控制小波函数的伸缩，称为尺度因子，参数 b 控制小波函数的平移，称为平移因子，它们分别对应于离散小波变换中的 j 和 k。称 $\psi_{a,b}(x)$ 为母小波 $\psi(x)$ 的 a 倍缩放和 b 平移小波。

严格地说，对信号实施连续小波变换时，参数 a 和 b 都应当是连续变化的，但我们在实际实施的过程中总会遇到一个麻烦：现今环境下，大部分的信号（尤其是图像信号）都是以数字信号的形式出现的，在分析它们的时候往往要使用计算机，因此绝对的连续小波变换是无法实现的。这就要求我们必须接受经过一定离散化的"准"连续小波变换，即对参数 a、b、x 进行一定的离散化处理。仿照离散小波变换，我们考虑最简单的情况：二进伸缩。

对于 Gauss 小波这种定义在 y 轴两侧的对称函数来说，其平移因子 b 也相应地定义在 0 的两侧。因此，定义在区间 $[-x_{\max}, +x_{\max}]$ 的 Gauss 小波，在尺度因子 a

之下，平移因子 b 的取值为

$$b_a = \frac{2x_{max}(n-1)}{a} \qquad (4.31)$$

式中，a 取 2 的正整数次幂，$n = \pm2, \pm4, \cdots, \pm a$；当 $a=1$ 时，特别规定 $b_a = 0$，即伸缩 1 倍时不平移。

　　在进行坐标离散化时，根据信号长度 N 将 x 轴均匀剖分成 N_s 份，其中 $N_s \geqslant N$（一般取等号，为了增大小波函数的平滑性，可适度增加 N_s）为了方便分析和叙述，我们暂且只考虑 $N_s = N$ 的情况：对于每个小波函数，剖分完毕后形成 $1 \times N_s$ 的向量 $\psi_{a,b}(x)$。计算鬼成像是对二维图像信息进行获取，因此，将刚刚获得的向量形式的小波函数中的元素，按照顺序重新排列成二维矩阵，即可生成相应的照明图样。图 4.17 给出了当 $N_s = 4096$ 时，所生成的几个 64 像素×64 像素的照明图样。

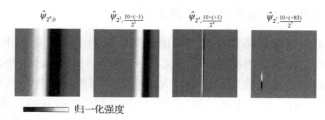

图 4.17　使用一维 Gauss 小波生成的照明图样（二进伸缩）

　　容易得知，在二进伸缩与平移模式下，小波函数所生成的照明图样的总数与缩放级别有关，对于一个拥有 j 级缩放的成像系统，照明图样的总数为

$$M = 2^j - 1 = a - 1 \qquad (4.32)$$

这时相比离散小波变换的情况少了一个由零级尺度函数构造的照明图样，即 $\phi_{0,0}$，这是因为 Gauss 小波并不存在尺度函数。此外，在二进缩放和平移的小波函数系中，同一缩放尺度下的小波函数之间存在较大空隙。可以预见的是，重构出来的信号将出现异常。

　　基于这种情况，我们使用由一维 Gauss 小波函数的二进伸缩和平移变换构建出的小波函数系进行了计算鬼成像的数值模拟，结果如图 4.18 所示。

　　可以发现，在使用这种照明图样对物体实施鬼成像时，待测目标的部分特征仍然是可见的。然而，重构图像上出现网格线状的格栅，无法准确地获取待测目标的信息。可见，该问题如果不予以解决，则很难利用平滑连续小波函数的优势为鬼成像系统服务。

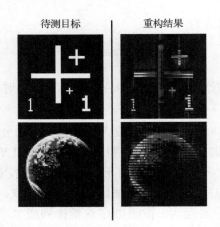

待测目标　　　　　重构结果

图 4.18　对两个图片 "crosshair"（左上）和 "earth"（左下）进行成像（右）的数值仿真结果

4.4.3　基于准连续小波变换的计算鬼成像

出现如图 4.18 所示这种情况的根本原因是生成的小波函数系并未对待测目标的每一个像素点进行均等的测量。对定义在区间[−5, +5]的 Gauss 小波函数进行二进缩放和平移后，小波函数之间存在较大的空隙。显然，在使用这些小波函数对待测目标进行测量时，位于小波函数间空隙处的像素点所得到的总光照强度较低，因而，在重构图像的叠加计算过程中，这部分像素点所对应的强度值就会相对较低，因而在重构图像时产生格栅状的畸变。通过计算小波函数的叠加 $R_\Sigma = \sum_{a,b} \psi_{a,b}(x)$ 可以获得当待测目标为均匀透过情况下，使用该系列小波函数重构图像的效果。图 4.19 给出了重建图 4.18 结果的过程中所使用的照明图样的叠加结果，图中灰度较深的像素点对应强度较小，较浅的像素点对应强度较大。

图 4.19　定义在[−5, +5]的 11 级二进伸缩平移 Gauss 小波函数系的叠加结果（已二维化）

显然，填补小波函数间的空隙可以有效地减少重构图像中的格栅状畸变。有两种办法可以实现上述目的。其中，缩短小波函数定义区间是一个简单可行的办法，该解决方案实际上收紧了小波函数的左界和右界，在某种程度上使小波函数间临近的地方尽可能少地出现低绝对值元素。图 4.20 给出了定义在不同区间的 Gauss 小波函数［图 4.20（a）］和它们的 5 级二进缩放和平移所形成的小波函数系的 R_Σ［图 4.20（b）］。

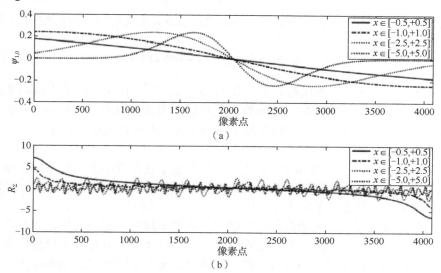

图 4.20　Gauss 小波波形与对应小波函数系的叠加结果

可见，当选取较窄的定义域时，左右两端产生明显的边界效应，且整体呈现递减趋势，这是由于在大尺度上所有的小波函数都近似呈现单调递减。除此之外，振荡被减弱（消除）了，这表明使用这种小波函数构建照明图样时，待测目标的每个像素点可以得到较为均等的测量。现在使用定义在不同区间的小波函数生成照明图样，对"crosshair"物体重新进行了计算鬼成像，得到结果如图 4.21 所示。

通过观察发现，当减小小波函数的定义区间长度时，确实能消除格栅状畸变。然而却带来了新的问题：成像的空间分辨率下降了。这是因为缩短定义区间以后，相当于是变相降低了小波函数的空间频率，导致其对高频信号的分析能力下降。那么，有没有办法既能够消除格栅状畸变，又能保持较高的空间分辨能力呢？

图 4.21　改变小波函数的定义区间长度后"crosshair"的重构结果

既然改变小波函数的定义区间长度会降低它的空间频率，那么我们就先不考虑它的缩放，转而考虑它的平移。所谓"补相法"的核心思想，就是通过引入与原小波系提前/滞后一定相位的小波系，在一定程度上填补小波函数之间的空隙，进而在不改变小波函数的空间分辨能力的情况下，尽量消除重构图像中的格栅状畸变。给定定义在区间 $[-x_{max}, +x_{max}]$ 的二进伸缩的小波函数系 $\psi_{a,b}(x)$，其中 $a = 2^j$，$b = \dfrac{2x_{max}(n-1)}{a}$（$j = 1, 2, \cdots; n = \pm1, \pm2, \cdots, \pm a$），定义对应小波函数系的相移：

$$\psi_{a,b}^{(D)}(x) = \psi_{a,b}\left(x - \frac{2x_{max}}{a}D\right) \tag{4.33}$$

对于 a 缩放下的小波函数，其周期为 $2x_{max}a$。为了使相移后的小波函数系和原有小波函数系组成的新的小波函数系能对信号实施较为均匀的测量，我们使每次的相移量为周期的 $1/n$，并向左侧和右侧尽可能对称地进行共计 $n-1$ 步相移，直至填满一个周期。

例如，当 $n = 3$ 时，参量 D 取 $\pm1/3$。这时表示在原有小波函数系的基础之上增补一个 $1/3$ 周期滞后的相移小波函数系和一个 $1/3$ 周期前置的相移小波函数系，为了叙述简洁，接下来的内容中，用 "n 步补相" 来指代上述操作。

补相步数越多，小波函数间的空隙填补效果就越好。但相应地，测量次数则成倍增加。实际上，结合适合的定义区间，采取 3～4 步的补相就可以使成像效果获得很大提高。在接下来的数值模拟中，使用定义在不同区间的 Gauss 小波函数构建小波函数系，并对其进行 3 步和 4 步补相，形成照明图样并进行计算鬼成像，得到的结果如图 4.22 所示，其中，第一行是不补相的重构结果（4095 次测量），第二行是 3 步补相的重构结果（12285 次测量），第三行是 4 步补相的重构结果（16380 次测量）。

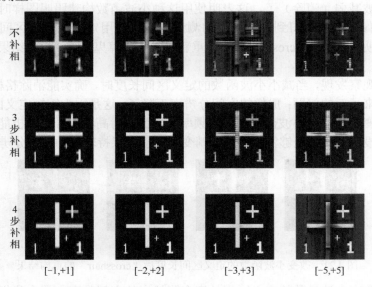

图 4.22　利用补相法对图片 "crosshair" 进行重构的效果

可以发现，在合适的定义区间，利用补相法后格栅状畸变可以被有效抑制，并且能够获得相当令人满意的空间分辨率。同时，可以发现随着补相步数的增加，在不产生格栅噪声的情况下，有效的定义区间长度越来越大。

实际上，我们利用了 Hadamard 衍生图样等正交照明图样近 3 倍的测量次数，才实现了正常的成像。这是因为无论如何 Gauss 小波的二进伸缩和平移所构成的小波函数系都无法形成正交的函数系，小波函数之间的相关性很强，因而带来了很高的信息冗余。在理论上，可以通过阈值筛选的方式筛除一部分冗余信息，从而达到降低重构次数的目的。这里将极为有限地讨论该问题，并展示 Gauss 小波压缩图像信息的能力。我们考虑一个极为简单的筛选系统，通过判断桶探测器信号的大小来确定该测量步骤是否关键。设置阈值 B_t，当 $|B^{(n)}| \geqslant B_t$ 时，保留相关测量步骤，反之舍弃。以求降低重构次数。定义重构压缩率 R_r 为舍弃掉的测量次数与总测量次数的比值，定义信号压缩率 S_r 为舍弃掉的测量次数与总像素点数的比值。图 4.23 给出了 3 步补相和 4 步补相法在不同压缩率下的重构质量，图中给出了压缩率，为 $R_r(S_r)$；第一行是 3 步补相的重构结果（Gauss 小波定义在 $[-2, +2]$ 上），对应不同的压缩率，从左到右对应的重构次数依次为 12285、1999、1417、809、629、417；第二行是 4 步补相的重构结果（Gauss 小波定义在 $[-3, +3]$ 上），对应不同的压缩率，从左到右对应的重构次数依次为 16380、2404、1705、828、541、249。

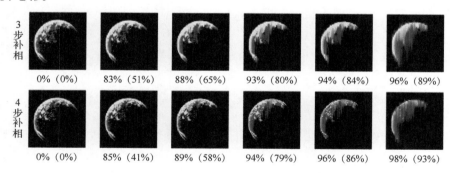

图 4.23　利用补相法对图片"earth"进行压缩重构的效果

可以发现，信号压缩率为 50% 左右时，目视很难发现其与无压缩图像的差别。这说明 Gauss 小波在快速计算鬼成像的应用方面是值得深入探讨的。

4.5　本章小结

本章首先介绍了 Haar 小波变换，并构建了基于 Haar 小波的计算鬼成像系统；介绍了由小波理论带来的多分辨分析，以及快速重构和边界提取能力。本章针对小波成像方案鲁棒性差的问题，介绍了 Hadamard-Haar 双变换域计算鬼成像，很好地解决了这个问题，并提供了一个多域成像的思想，为今后的研究提供了很好的思路。

此外，我们构建了连续小波变换在计算鬼成像系统中的应用方案，利用缩短小波定义区间和补相法成功解决了非正交小波无法正常成像的问题，并初步地探索了 Gauss 小波的图像压缩能力，相关工作也可参看作者已经发表的期刊论文（文献[106]）。

第 5 章

光的传递过程对鬼成像的
成像质量的影响

上文的讨论都是基于光处于理想传播这一条件进行的，即忽略了经调制后的光束从空间光调制设备到待测目标这一段距离的衍射效应，从而在待测目标平面形成与调制光束所用的图样完全一致的光强分布。但实际上，这种传递方式在真实环境下是不存在的。由于衍射效应，经过调制的光源在待测目标所处平面上形成的照明图样会产生失真，这种失真有时会对成像产生很大的影响。此外，在外界条件完全一致的情况下，由于光源自身性质（如波长、相干性）的不同，也会使光的传播行为发生变化，进而使得光源也以不同的方式影响成像质量。因此，从实际应用的角度出发，研究光的传递过程对鬼成像的成像质量的影响具有重要意义。

■ 5.1 光的传递过程

5.1.1 点扩展函数

在鬼成像系统中，从光源调制面到待测目标所处的平面，输出照明图样的空间分布完全取决于光学系统的传递特性。在大部分的应用环境下，光在这段距离的传输过程通常可以被近似地看作自由传播过程。从空间上看，任何平面上的光场分布都可以看成由无数个面积无限小的面元组合而成。而在时间上看，每个小面元对应的光场振动情况又都可以看作许多具有不同加权系数的狄拉克函数的线性组合。一般情况下，光学系统都可以被当作线性系统来处理。因此，只要能知道光源调制面上的每个小面元在待测目标所处平面上所形成的场分布情况，那么，通过实施线性叠加便可以很容易地求得光源在待测目标所处平面上的光场分布。

在这个过程中，关键问题是求得任意小面元的光场分布在待测目标所处平面上形成的光场分布情况。而当该小面元的光场振动为单个狄拉克函数（即单位脉冲）的形式时，它在待测目标所处平面上所形成的光场分布函数就被称为点扩展函数或脉冲响应函数，一般记为 $h(x_0, y_0; x, y)$，其中，(x_0, y_0) 和 (x, y) 分别为光源所处平面和待测目标所处平面上的空间坐标。通常情况下，点扩展函数既是 (x_0, y_0) 的函数，也是 (x, y) 的函数。

在自由传播条件下，点扩展函数的具体形式可以经由惠更斯-菲涅耳原理开始讨论。该原理指出，光场任意给定曲面上的诸面源可以看作子波源，如果这些子波源是相干的，则在波继续传播的空间上任意一点的光场振动，都可以看作这些子波源各自发出的子波在该点相干叠加的结果。在此基础上，基尔霍夫导出了更为严格的衍射公式，图 5.1 表示位于 P_0 点的单色点光源照明平面屏幕的情况。

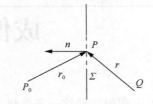

图 5.1　点光源照明平面屏幕情形的示意图

P 为位于孔径平面上的任意一点；Q 为孔径后方的观察点；r 与 r_0 分别是 Q 和 P_0 到 P 的距离，它们均远远大于波长；n 表示 Σ 面上法线的正方向。在单色点光源的照明下，平面孔径后方光场中任一点 Q 的复振幅为

$$U(Q) = \frac{1}{i\lambda} \iint \frac{a_0 e^{ikr_0}}{r_0} \frac{\cos(n,r) - \cos(n,r_0)}{2} \frac{e^{ikr}}{r} dS \qquad (5.1)$$

式（5.1）即为基尔霍夫衍射积分，其中，a_0 为常数，k 为波矢，S 为观测平面上的面元。由于孔径平面上的复振幅分布是由球面波产生的，因此可用

$$U_0(P) = \frac{a_0}{r_0} e^{ikr_0} \qquad (5.2)$$

来表示，令

$$K(\theta) = \frac{\cos(n,r) - \cos(n,r_0)}{2} \qquad (5.3)$$

$$h(P,Q) = \frac{e^{ikr}}{i\lambda r} K(\theta) \qquad (5.4)$$

则基尔霍夫衍射积分可以表示成

$$U(Q) = \iint_{\Sigma} U_0(P) h(P,Q) dS \qquad (5.5)$$

式中，h 即为上文所提到的点扩展函数。观察点 Q 处的复振幅，实际上是 Σ 平面上所有小面元所对应的光场振动在 Q 点上形成的光场振动的相干叠加，由于这个系统是一个线性系统，因此可以用一个线性变换来描述整个衍射过程。这时，式（5.5）实际上就可以理解为信号 $U_0(P)$ 通过了一个线性系统，从而得到了信号 $U(Q)$，而点扩展函数恰好就包含了这个线性变换系统的全部特征。

当旁轴近似得到满足时，有 $\cos(n,r) \approx 1$，$\cos(n,r_0) \approx -1$。此时，倾斜因子

$K(\theta)\approx1$，且点扩展函数分母上的 r 可以近似地用光源所处平面到观测屏所处平面的距离 z 来代替。对于位于 e 指数内的 r，需要进行进一步处理：对其作幂级数展开，有

$$r = z\sqrt{1+\frac{(x-x_0)^2+(y-y_0)^2}{z^2}}$$

$$= z+\frac{(x-x_0)^2+(y-y_0)^2}{2z}-\frac{[(x-x_0)^2+(y-y_0)^2]^2}{8z^3}+\cdots \quad (5.6)$$

由于在旁轴近似下，式（5.6）中第三项以后的项可以被忽略，这时，点扩展函数可以写为

$$h(x_0,y_0;x,y) = h(x-x_0,y-y_0)$$

$$= \frac{\mathrm{e}^{ikz}}{\mathrm{i}\lambda z}\mathrm{e}^{\frac{ik}{2z}[(x-x_0)^2+(y-y_0)^2]} \quad (5.7)$$

将其代入基尔霍夫衍射积分中，得到菲涅耳衍射积分：

$$U(x,y) = \frac{\mathrm{e}^{ikz}}{\mathrm{i}\lambda z}\iint U_0(x_0,y_0)\mathrm{e}^{\frac{ik}{2z}[(x-x_0)^2+(y-y_0)^2]}\mathrm{d}x_0\mathrm{d}y_0 \quad (5.8)$$

由于旁轴近似通常很容易得到满足，因此在大部分情况下都可以直接使用菲涅耳衍射积分来计算自由传播条件下的衍射场。

5.1.2　菲涅耳衍射积分的离散化

在更多的实际应用图景下，人们往往很难得到解析解，需要对菲涅耳衍射积分进行数值计算。这对基于计算预调制光源在待测目标所处平面产生的衍射场光强分布，从而获得参考臂数据的计算鬼成像尤为重要。因此在实际操作中，需要根据给定的原始光场分布和传播参数，计算出菲涅耳衍射积分的数值解。

要进行数值计算，对于连续的菲涅耳衍射积分，要先对其进行离散化处理。首先将光源和观测屏所处的平面进行离散化处理，如图 5.2 所示。

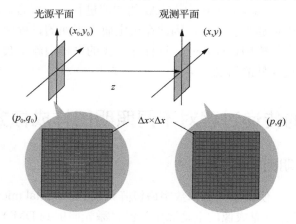

图 5.2　光源和观测屏所处平面的网格化示意图

为了方便后续的分析，在两个平面上取相同的网格化步长 Δx，将两个平面剖分成若干小方格。用离散坐标 (p_0, q_0) 和 (p, q) 替换相应的连续坐标 (x_0, y_0) 和 (x, y)。由于在旁轴近似下，点扩展函数对应于一个空间不变的线性变换，而这个变换对于横向坐标和纵向坐标来讲又是相互独立的，因此可以对两个平面进一步进行一维化，即将网格化的平面上的像素点逐行（或逐列）抽出，这样就可以把原来表示光场分布的二维矩阵用一个一维的行（列）向量来表示。这样做的好处是，可以用一个二维矩阵来直接表示点扩展函数，从而利用矩阵乘法直观、高效地计算出观测屏所处平面的光场分布。假设经离散化后，两个平面上均有 N 个像素点，那么经过一维化、离散化后的菲涅耳衍射积分公式为[107]

$$u(m) = \frac{e^{ikz(\Delta x)^2}}{i\lambda z} \sum_{m_0=1}^{N} u_0(m_0) e^{\frac{ik}{2z}(m-m_0)^2(\Delta x)^2} \tag{5.9}$$

相应地，有离散的点扩展函数：

$$h'(m-m_0) = \frac{e^{ikz(\Delta x)^2}}{i\lambda z} e^{\frac{ik}{2z}(m-m_0)^2(\Delta x)^2} \tag{5.10}$$

这样一来，式（5.9）中的离散卷积可以被直接表示为矩阵乘法的形式：

$$\begin{bmatrix} u(1) \\ u(2) \\ \vdots \\ u(m) \\ \vdots \\ u(N) \end{bmatrix} = \begin{bmatrix} h'(0) & h'(-1) & \cdots & h'(1-m_0) & \cdots & h'(1-N) \\ h'(1) & h'(0) & & & & \\ \vdots & & \ddots & & & \\ h'(m-1) & & & h'(0) & & \\ \vdots & & & & \ddots & \\ h'(N-1) & & \cdots & & & h'(0) \end{bmatrix} \begin{bmatrix} u_0(1) \\ u_0(2) \\ \vdots \\ u_0(m_0) \\ \vdots \\ u_0(N) \end{bmatrix} \tag{5.11}$$

由此，只要确定了照明光源的波长和自由传播的距离，就可以根据光源平面上的光场分布计算出观测屏上的光场分布情况。需要注意的是，网格剖分单元的尺寸 Δx 越小，计算出的光场分布越接近于真实情况，但相应地，总计算量将呈二次幂形式上涨，因此，在实际计算中，应对 Δx 的取值进行适当取舍。此外，由于经过自由传播以后，光束通常会发散，因此在选定研究平面的过程中，应尽可能使选定的平面大于光束的横向截面尺寸，这样在计算的过程中就不会缺失那些由于衍射而扩散到平面边界外的信息。

■ 5.2　光的传递过程对不同照明图样成像方案的影响

5.2.1　随机照明图样情形

如图 5.3 所示，使用激光器和数字微镜阵列装置（digital micromirror device，DMD）共同构成计算鬼成像的主动照明光源，激光照射到 DMD 的调制面上后，形成空间上具有均匀分布型随机涨落的光场分布 $u_0(x_0, y_0)$；经过距离 z 的传播，到达待测目标，其透过函数记为 T；照明光源在待测目标所处平面上形成的光场分布记为 $u(x, y)$，则桶探测器接收到的总光强可以表示为

$$B = \eta \left| \iint T(x, y) u(x, y) \mathrm{d}x \mathrm{d}y \right|^2$$

$$= \eta \left| \iint T(x, y) \left[\iint u_0(x_0, y_0) h(x - x_0, y - y_0) \mathrm{d}x_0 \mathrm{d}y_0 \right] \mathrm{d}x \mathrm{d}y \right|^2 \quad (5.12)$$

式中，η 为一个常数。

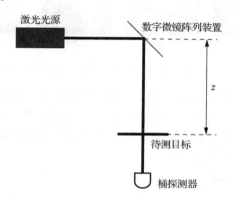

图 5.3 计算鬼成像原理示意图

此成像系统的二阶关联函数可以表示为

$$G^{(2)}(x, y) = \left\langle B^{(n)} \left| u^{(n)}(x, y) \right|^2 \right\rangle \quad (5.13)$$

式中，$u^{(n)}(x, y)$ 与 $B^{(n)}$ 则分别表示第 n 次采样时的照明光场分布与相应得到的桶探测器信号。

接下来将通过数值模拟来观察衍射效应对鬼成像效果的具体影响。由于传播距离和照明光源的波长都会影响衍射效果，因此，在数值模拟的过程中，将分别讨论这两个参数对结果的影响。

为了使衍射所造成的影响在视觉上更加明显，这里仍然使用 USAF-1951 分辨率检测卡作为待测目标。这是由于在经验上，衍射效应会使成像效果变得模糊，因此使用带有不同空间频率条纹的待测目标更能凸显出衍射所带来的影响。

在数值模拟中，设定待测目标的尺寸为 5.12mm×5.12mm，像素化为 128 像素×128 像素；使用具有均匀分布的随机矩阵作为 DMD 的调制掩膜对光源实施振幅调制；选取一个波长为 632.8nm 的理想相干光源作为照明光源，其束腰半径为 3.2mm；总测量次数固定为 50000 次。在以上的条件下，改变待测目标与 DMD 调制面之间的距离，并依次对待测目标实施计算鬼成像，获得如图 5.4 所示的重构图像。

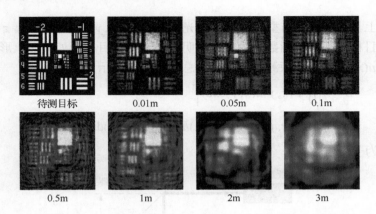

待测目标   0.01m   0.05m   0.1m

0.5m   1m   2m   3m

图5.4　待测目标与DMD调制面间的距离发生变化时待测目标的重构图像

在大体上，增加传播距离会使重构图像发生失真，从而变得模糊。注意到传播距离为0.1m时，待测目标的重构图像略微比传播距离为0.05m时清晰，反而能看清楚更多条纹，这是一个反常的现象。这是因为鬼成像使用的参考臂数据实际上是待测目标平面上的光强分布：

$$I(m) = |u(m)|^2$$
$$= \frac{(\Delta x)^4}{\lambda^2 z^2} \sum_{m_0=1}^{N} u_0(m_0) e^{\frac{ik}{2z}(m-m_0)^2(\Delta x)^2} \sum_{m_0'=1}^{N} u_0^*(m_0') e^{-\frac{ik}{2z}(m-m_0')^2(\Delta x)^2} \quad (5.14)$$

将式（5.14）进一步展开，得到

$$I(m) = \frac{(\Delta x)^4}{\lambda^2 z^2} \left[u_0(1) e^{\frac{ik}{2z}(m-1)^2(\Delta x)^2} + u_0(2) e^{\frac{ik}{2z}(m-2)^2(\Delta x)^2} + \cdots + u_0(N) e^{\frac{ik}{2z}(m-N)^2(\Delta x)^2} \right]$$
$$\times \left[u_0^*(1) e^{-\frac{ik}{2z}(m-1)^2(\Delta x)^2} + u_0^*(2) e^{-\frac{ik}{2z}(m-2)^2(\Delta x)^2} + \cdots + u_0^*(N) e^{-\frac{ik}{2z}(m-N)^2(\Delta x)^2} \right]$$
$$= \frac{(\Delta x)^4}{\lambda^2 z^2} \left\{ \sum_{m_0=1}^{N} |u_0(m_0)|^2 + \sum_{m_0 \neq m_0'} u_0^*(m_0') u_0(m_0) e^{\frac{ik}{2z}[(m-m_0)^2 - (m-m_0')^2]} \right\} \quad (5.15)$$

这里，若进一步假设照明光源平面上光场的相位分布处处相等，则有关系：

$$u_0(m_0) u_0^*(m_0') = u_0^*(m_0) u_0(m_0') \quad (5.16)$$

则式（5.15）可以进一步被化简为

$$I(m) = \frac{(\Delta x)^4}{\lambda^2 z^2} \sum_{m_0=1}^{N} |u_0(m_0)|^2$$
$$+ \frac{(\Delta x)^4}{\lambda^2 z^2} \sum_{m_0 \neq m_0'} u_0^*(m_0') u_0(m_0) \cos\left\{ \frac{i\pi(\Delta x)^2}{\lambda z} [(m-m_0)^2 - (m-m_0')^2] \right\} \quad (5.17)$$

可见，式（5.17）中的第一项随着距离和波长的增加给全式施加稳定衰减；而第二项中由于存在余弦函数，从而使其对全式形成一个振荡式的贡献。由于不管是在振幅因子中还是在振荡因子中，传播距离与波长均位于分母位置，这表明随着它们的数值不断增加，给光强提供一个趋势为阻尼振荡式的衰减。

　　事实上，式（5.17）中的第一项仅仅是一个背景项，它并不包含光源的空间分布信息；光源的空间分布信息实际包含在第二项中。当 m_0 或 m_0' 取与 m 相等的值时将使得余弦函数内表达式的值更接近于 0，因此所对应的振荡因子将提供最大的增益，这时虽然与振荡因子相乘的因子 $u_0(m_0)u_0^*(m_0')$ 中除了光源平面上相应位置的光场强度 $u_0(m_0)$ 以外仍然有干扰项 $u_0^*(m_0')$ 存在，但由于干扰项会随着对 m_0' 的求和而被抹除变为背景，因此光源平面上的对应点信息总是享有较高的权重。另外，值得注意的是，当余弦函数内表达式的值趋近于 2π 的整数倍时，振荡因子同样提供最大增益，但这时与振荡因子所加成的并不是光源平面上对应位置的光场强度的信息，从而造成无用信息的增加，掩盖了部分原始光场信息。而因子 λz 的值越小，振荡因子的周期就越小，这样就越是容易出现这种情况。虽然因子 λz 的值越大会明显加重衍射效应，但上述的分析表明，当因子 λz 的取值比较小时，由衍射产生的光场失真并不一定会随着因子 λz 的增大而增大，而是呈现出一定的振荡特征，因而从整体上来观察，因子 λz 的增加实际上对原始光场造成影响的是阻尼振荡式的。总体上来说，因子 λz 越大，造成的失真越大，且"振荡"的频率和幅度也随之减弱，趋于稳定。由于鬼成像的成像质量和照射在待测目标的光场的光强分布情况息息相关，因此该光强分布发生失真时，待测目标的重构图像也会发生相同程度的失真，所以，上述的分析可以解释当传播距离比较近时，重构图像出现的反常规律。

　　改变照明光源的波长同样可以对待测目标的重构图像造成影响，固定待测目标与 DMD 调制面之间的距离为 0.5m，在其他条件保持不变的情况下改变照明光源的波长，并依次对待测目标实施计算鬼成像，得到如图 5.5 所示的重构图像。

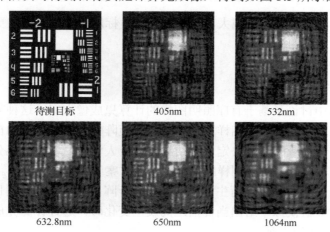

图 5.5　光源波长对重构图像的情况

显然，和传播距离发生变化时的影响类似，增大波长同样会加重像的失真。需要注意的是，虽然图中的结果中没有体现出来刚刚讨论的反常情况，但是由于在传递函数中照明光源的波长和传播距离是绑定在一起的，因此在传播距离合适的情况下，改变照明光源的波长同样会出现反常情况，即在某些情况下增加波长反而会相对减弱像的失真。

鬼成像技术是一种主动照明技术，因此其成像范围一般是光源的照射范围，或是可调制光源的照射范围。这表明，激光光源的束腰半径将影响鬼成像的视场角大小。将 DMD 调制面与待测目标所处平面的距离固定为 0.5m，照明光源的波长固定为 632.8nm，保持其他条件不变的前提下，改变激光光源的束腰半径，得到图 5.6 的重构图像。

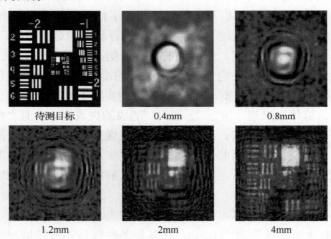

图 5.6　激光光源的束腰半径对待测目标重构图像的影响

显然，光源的束腰半径越大，就能在待测目标所处平面上覆盖更大的范围，从而增加成像系统的视场角。

5.2.2　有序照明图样情形

在第 3 章中讨论了基于有序照明图样的计算鬼成像方案。这种方案有一个特征，即严重依赖于散斑照明图样所构成的观测矩阵的正交性。光的自由传播对观测矩阵的正交性造成的影响决定成像结果是否令人满意。本小节将分别对自由传播对基于不同种类有序照明图样的计算鬼成像方案的影响进行讨论。

首先，基于 Hadamard 衍生图样构建观测矩阵，对给定的待测目标实施计算鬼成像，通过数值模拟，给出当传播距离发生变化时，通过计算鬼成像系统获得的重构图像，如图 5.7 所示。

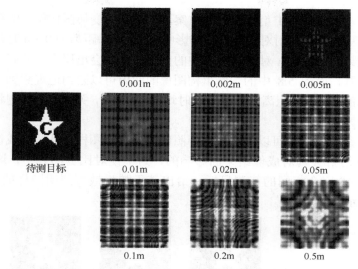

图 5.7　Hadamard 方案在不同传播距离下的重构结果

　　在数值模拟过程中，使用波长为 632.8nm 的 He-Ne 激光器作为照明光源，并且假定其束腰半径较大，足以覆盖整个待测目标；选取的待测目标为一个中间标记了不透光字母 C 的透光五角星，其尺寸为 2.56mm×2.56mm，它在计算的过程中被像素化为 64 像素×64 像素；分别计算了传播距离从 0.001m 到 0.5m 变化时的重构图像（图 5.7）。可以发现，基于 Hadamard 衍生图样的计算鬼成像方案对衍射现象极其敏感，传播距离只有 0.02m 时，待测目标基本上就不可见了。

　　在相同的条件下，采用正弦变换图样构建观测矩阵并对待测目标实施成像，得到结果如图 5.8 所示。

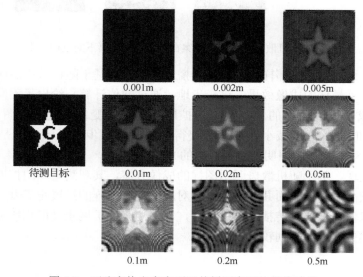

图 5.8　正弦变换方案在不同传播距离下的重构结果

相比基于 Hadamard 衍生图样的方案，使用正弦变换图样作为随机散斑照明图样很显然更能抵抗衍射对成像结果的影响，直到传播距离为 0.2m 时都能维持较好的成像效果。注意到，对于图 5.7 中的重构图像，会出现大量具有一定周期性的格栅状失真，而图 5.8 中的一些重构图像的四周可以隐约地观察到"缩小版"的待测目标的像（传播距离为 0.05m 内时均较为明显），关于这些问题将在稍后进行讨论和研究。

显然，参照图 5.4 可以推测，基于照明随机散斑图样的计算鬼成像方案可能是最能抵抗衍射失真对成像结果的影响的，为了使对比更加公平，这里使用与图 5.7、图 5.8 完全相同的待测目标，给出基于随机散斑照明图样的重构图像，如图 5.9 所示。

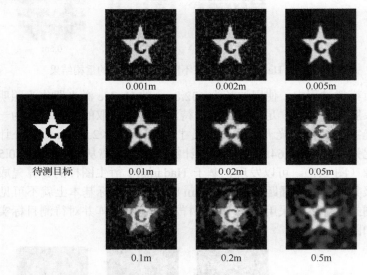

图 5.9　随机散斑照明图样方案在不同传播距离下的重构结果

显然，正如预测的那样，在自由传播的影响下，基于随机散斑照明图样的成像方案给出了最佳的成像效果。进一步地，通过数值计算，给出了不同传播距离下，三种成像方案使用的观测矩阵的扩展正交度的变化曲线，如图 5.10 所示（需要说明的是，为了减小计算量来获得更小的采样步长，该曲线是基于尺寸为 16 像素×16 像素的照明图样所给出的）。

可以发现，基于随机散斑照明图样的成像方案，其观测矩阵的扩展正交度一直保持在较高的水平，而其他两个方案对应的观测矩阵的扩展正交度一开始具有非常高的取值，但随着传播距离的增加，观测矩阵的扩展正交度相比随机散斑照明图样方案更快地降低到较低水平。

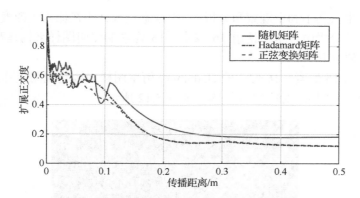

图 5.10　传播距离对观测矩阵扩展正交度的影响

　　然而，基于随机散斑照明图样构建观测矩阵的成像方案的优势不仅仅如此。与基于有序图样构建观测矩阵的成像方案不同，基于随机散斑照明图样的成像方案可以通过增加照明图样的数量（即增加观测矩阵的行数）来进一步提高观测矩阵的扩展正交度，从而获得更好的成像质量。图 5.11 给出了当传播距离为 0.1m 且照明图样与离散化的待测目标的透射函数中所具有的像素点数的比值不断增加时，对应观测矩阵的扩展正交度的变化情况，N 表示像素化后的待测目标所包含的总像素点数，这里 $N = 64$。

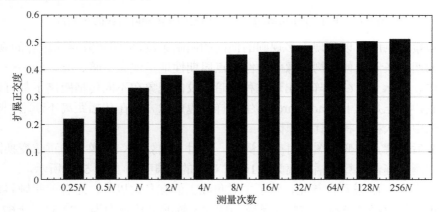

图 5.11　随机观测矩阵的扩展正交度随测量次数的变化情况

　　总的来说，虽然需要更多的测量次数，但基于随机散斑照明图样的成像方案相比于基于有序照明图样的成像方案更能抵抗光的自由传播对成像质量的影响。

　　接下来，将通过观察不同传播距离下，基于 Hadamard 衍生图样和正弦变换图样这两种方案对应的 $\hat{\Theta}$ 矩阵的形式来解释为何重构图像中会出现前面所提到的各种失真。首先需要指出的是，图 5.7 和图 5.8 中的像素点数高达 4096 个，这意味着其对应的 $\hat{\Theta}$ 矩阵尺寸为 4096 像素×4096 像素，将这么大的矩阵以图像的形式表现出来极其不利于观察和分析。由于像素点数并不在原则上改变成像规律，因此在下面的分析中，本书使用 16 像素×16 像素的照明图样来构建观测矩阵，进行相关的研究和讨论。

首先使用 16 像素×16 像素的 Hadamard 衍生图样来构建观测矩阵，并计算出经 0.1m 距离的传播所对应的 $\hat{\Theta}$ 矩阵，如图 5.12 所示。

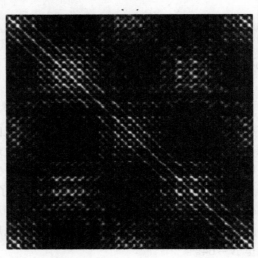

图 5.12　基于 Hadamard 衍生图样构建的观测矩阵对应的 $\hat{\Theta}$ 矩阵

观察图 5.12 可以发现许多规则的横向的明暗条纹，按照矩阵乘法运算的规律，这样的明暗条纹会使重构图像中的像素点周期性地呈现亮、暗、亮、暗……的格栅结构。实际上，$\hat{\Theta}$ 矩阵中出现这种明暗条纹的现象在不同传播距离下都可以被观测到，这正是基于 Hadamard 衍生图样的鬼成像方案在传播距离不断增加时，在图像中引入格栅状失真的原因。

随后考虑正弦变换图样对应的情况，使用 16 像素×16 像素的正弦变换图样构建观测矩阵，计算传播距离为 0.1m 时对应的 $\hat{\Theta}$ 矩阵，如图 5.13 所示。

观察图 5.13 发现，首先，除了主对角线上的亮条纹以外，还有一些倾斜角更大或更小的次级亮条纹。这些亮条纹与图像 x 轴的夹角分别为 $\pm 22.5°$、$\pm 67.5°$、$\pm 112.5°$ 和 $\pm 157.5°$。由于二阶关联函数是 $\hat{\Theta}$ 矩阵作用在待测目标的透射函数上得到的，那么按照矩阵乘法计算的规则分析，对于一个 M 像素×M 像素的重构图像来说，它们会以$(M/4, M/4)$、$(3M/4, M/4)$、$(M/4, 3M/4)$ 和 $(3M/4, 3M/4)$ 四个点为中心，产生四个面积为原始物像 25% 的缩小像和四个面积为原始物像 25% 且倒置的缩小像，这种现象可以在图 5.8 中被观察到。除此之外，还存在一些横向亮条纹，这些条纹将使得重构图像中的某些像素点的强度值额外突出于其他像素点，其接近于最上方或最下方，通常会导致二维重构图像中的角落处出现异常值。

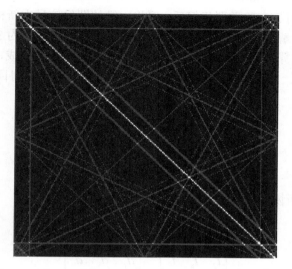

图 5.13　基于正弦变换图样构建的观测矩阵对应的 $\hat{\theta}$ 矩阵

　　除了上面提到的两点以外，还注意到，无论是基于正弦变换图样还是 Hadamard 衍生图样来构建观测矩阵，其 $\hat{\theta}$ 矩阵中，有一些亮度小于主对角线，但与主对角线相平行的亮条纹，这些条纹实际上表征了衍射造成的弥散效果。它们没有和主对角线紧紧相连是由于这些观测矩阵是先计算二维原始图样的菲涅耳衍射积分，再将得到的二维图样拆分后拼接成一维的向量，然后将所有的一维向量进行堆叠所形成的（图 5.14）。

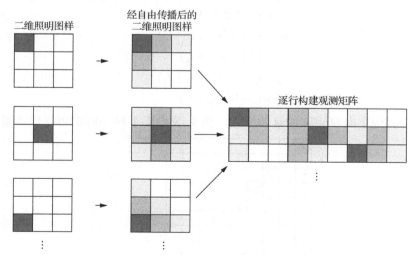

图 5.14　观测矩阵的构建过程

方块颜色深浅示意像素点处光强的强弱，颜色越深表示强度越高

同样地，进行完二阶关联运算后，要将一维的图像信号重新构建为二维信号。为方便观察和理解，设构建观测矩阵所用的二维图样的尺寸为 3 像素×3 像素。经过二阶关联计算后，得到的重构图像将仍由 9 个像素点构成，分别记为 a_i ($i = 1\sim9$)，$\hat{\Theta}$ 此时是一个 9×9 的矩阵，若令 t_i ($i = 1\sim9$)表示待测目标的透射函数，则有关系：

$$\begin{bmatrix} \Theta_{11} & \Theta_{12} & \cdots & \Theta_{19} \\ \Theta_{21} & \Theta_{22} & \cdots & \Theta_{29} \\ \vdots & \vdots & & \vdots \\ \Theta_{91} & \Theta_{92} & \cdots & \Theta_{99} \end{bmatrix} \begin{bmatrix} t_1 \\ t_2 \\ \vdots \\ t_9 \end{bmatrix} = \begin{bmatrix} a_1 \\ a_2 \\ \vdots \\ a_9 \end{bmatrix} \tag{5.18}$$

将 $\{t_i\}$、$\{a_i\}$ 重新恢复为二维信号后，其排列顺序如下：

$$\begin{bmatrix} t_1 & t_2 & t_3 \\ t_4 & t_5 & t_6 \\ t_7 & t_8 & t_9 \end{bmatrix} \text{与} \begin{bmatrix} a_1 & a_2 & a_3 \\ a_4 & a_5 & a_6 \\ a_7 & a_8 & a_9 \end{bmatrix} \tag{5.19}$$

现在讨论一个非常简单的扩散模型，假使经过 $\hat{\Theta}$ 矩阵的影响，a_i 除了获得来自 t_i 的信息以外，还能获得来自与 t_i 直接相邻的像素点 50%的信息。这时，a_i 与 t_i 可以建立关系：

$$\begin{aligned} a_1 &= t_1 + 0.5(t_2 + t_4) \\ a_2 &= t_2 + 0.5(t_1 + t_3 + t_5) \\ a_3 &= t_3 + 0.5(t_2 + t_6) \\ a_4 &= t_4 + 0.5(t_1 + t_5 + t_7) \\ a_5 &= t_5 + 0.5(t_2 + t_4 + t_6 + t_8) \\ a_6 &= t_6 + 0.5(t_3 + t_5 + t_9) \\ a_7 &= t_7 + 0.5(t_4 + t_8) \\ a_8 &= t_8 + 0.5(t_5 + t_7 + t_9) \\ a_9 &= t_9 + 0.5(t_6 + t_8) \end{aligned} \tag{5.20}$$

由此，可以构建出 $\hat{\Theta}$ 矩阵的具体形式，图 5.15 给出了 $\hat{\Theta}$ 矩阵的可视化效果。

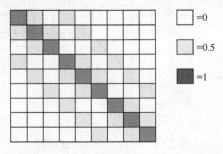

图 5.15   由式（5.20）构建出的 $\hat{\Theta}$ 矩阵的可视化示意图

　　显然，图 5.15 中出现了与前面讨论过的相类似的次级亮条纹。实际情况下的扩散远比这个例子中的要复杂，但它们满足相同的规律。一般来说，次级条纹的亮度不会大于主对角线上亮条纹的亮度；此外，次级条纹越多，表示经过 $\hat{O}$ 矩阵的线性变换后，像扩散得越厉害。次级条纹与对角线之间的间距受将二维图像一维化的过程中使用的方法所影响。显然，在 $\hat{O}$ 矩阵中观察到与主对角线上的亮条纹平行的次级亮条纹标志着重构图像将由于衍射的影响而出现弥散现象，从而变得模糊。值得注意的是，在这点上，对于基于随机散斑照明图样构建观测矩阵的成像方案来说，体现得尤为明显。这是因为在这种情况下，衍射效应并不会导致除了弥散模糊以外的其他形式的失真，因此可以很清楚地观察到随着传播距离的增加，$\hat{O}$ 矩阵中次级亮条纹的变化情况。这里计算了不同传播距离下，基于随机散斑照明图样构建的观测矩阵所对应的 $\hat{O}$ 矩阵，如图 5.16 所示。

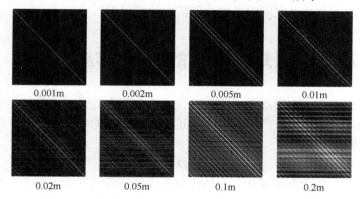

图 5.16　基于随机散斑照明图样构建的观测矩阵对应的 $\hat{O}$ 矩阵

　　可见，当传播距离不断增加时，可以观察到次级亮条纹的数量明显增多了。这时对应着重构图像中出现的弥散和模糊现象。

　　通过这一小节的讨论可以发现，在研究鬼成像的重构结果的过程中，$\hat{O}$ 矩阵的形式非常关键：一方面可以使用它来计算扩展正交度，从而直接衡量某个成像方案的成像质量；另一方面，还可以通过其具体形式来判断某个成像方案可能在重构图像上引发什么样的失真，这对改进成像方案、后期数据处理和图像优化方面能起到非常大的作用。但是需要说明的是，它也具有一定的局限性：首先，$\hat{O}$ 矩阵和与其相关的扩展正交度无法判断外来干扰对成像质量造成的影响。其次，在使用它们来评价基于二阶关联函数的变体的鬼成像系统时，可能需要变形后再使用。例如，使用归一化的二阶关联函数来重构待测目标的像时，实际计算的不再是

$$
\begin{aligned}
G^{(2)}(x) &= \hat{O}^{\mathrm{T}} B \\
&= \hat{O}^{\mathrm{T}} \hat{O} T(x)
\end{aligned}
\tag{5.21}
$$

而变成了

$$g^{(2)}(x) = \frac{N\hat{O}^{\mathrm{T}}\hat{O} \circ \left(l_{M\times 1} \otimes \left[\sum_n \hat{O}_{nx} \right]^{(-1)} \right) T(x)}{\sum_{n,x} \hat{O}(n,x)T(x)} \tag{5.22}$$

式中，N 表示照明图样的个数，也就是总测量次数；"$\circ$"表示矩阵间的 Hadamard 积；$l_{M\times 1}$ 表示 M 行 1 列的纯 1 列向量；"$\otimes$"表示矩阵间的克罗内克积；$\left[\hat{A}\right]^{(-1)}$ 表示对矩阵 $\hat{A}$ 内部的全部元素求倒数。此时，$\hat{\Theta}$ 应变形为

$$\hat{\Theta} = \hat{O}^{\mathrm{T}}\hat{O} \circ \left(l_{M\times 1} \otimes \left[\sum_n \hat{O}_{nx} \right]^{(-1)} \right) \tag{5.23}$$

相应地，扩展正交度也应使用新的 $\hat{\Theta}$ 矩阵来进行计算。

■ 5.3   基于观测矩阵伪逆的重构算法

对用于鬼成像方案的观测矩阵 $\hat{O}$ 来说，它在更多的情况下都是一个长方形的矩阵，这种矩阵虽然没有严格意义上的正交性，但它们中的大部分却都存在伪逆 $\hat{O}^{-1}$，从而使得

$$\hat{O}^{-1}\hat{O} = \hat{I} \tag{5.24}$$

因此在理论上，完全有可能在不改动计算鬼成像硬件系统的情况下，构建一个基于观测矩阵伪逆的重构算法，用于替换二阶关联函数来进行像的重构，即

$$G^{(\mathrm{pinv})} = \hat{O}^{-1}B \tag{5.25}$$

这种重构方式有两个可以预见的优势。

首先，由于直接计算了观测矩阵的伪逆矩阵，因此，在观测矩阵的秩不小于待测目标透射函数的总像素点数时，这种算法将严格地给出待测目标的透射函数。并不要求观测矩阵具有较高的扩展正交度。

其次，在实际的实验过程中，由于其不改变计算鬼成像实验架构中的任何硬件，相对计算鬼成像的操作也没有任何变化，同样是记录观测矩阵和采集桶探测器信号。这就使得在实验中所采集到的数据在这两种算法之间具有极高的通用性，在复杂情况中可以通过使用不同算法来分别重构图像，从而使从数据中提取出更多的信息成为可能。

本书之所以把这种重构算法放在这一章进行讨论的主要原因是：经过测试发现，这种重构算法在理论上可以完全抵消掉光的衍射效应对成像过程的干扰。

图 5.17 给出了在不同的传播距离下，使用随机散斑照明图样构建观测矩阵，分别利用二阶关联算法［图 5.17（a）］和观测矩阵伪逆重构算法［图 5.17（b）］给出的重构图像。

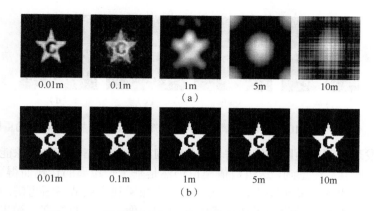

图 5.17　二阶关联算法与伪逆重构算法的重构效果对比

显然，观测矩阵伪逆重构算法完全抵消掉了光的传播对成像的影响，在 10m 的距离下依然能完全地恢复待测目标的像。这是因为，无论照明图样经过什么样的过程后到达待测目标所处的平面，只要其在待测目标平面所构成的照明图样对应的观测矩阵存在伪逆，就可以通过伪逆重构算法直接计算出待测目标的透射函数：

$$G^{(\mathrm{pinv})} = \hat{O}^{-1}B$$
$$= \hat{O}^{-1}\hat{O}T$$
$$= T \tag{5.26}$$

显然，这和利用二阶关联函数估算物体的透射函数有着本质上的不同。然而，观测矩阵伪逆重构算法也有其局限性。

首先，在实际的实验过程中，式（5.26）中的因子 $\hat{O}T$ 是由桶探测器信号 B 直接体现的，这就要求实际计算的观测矩阵的伪逆矩阵要与真实的观测矩阵高度匹配，否则就会导致物像重构失败。实际上，在真实的实验环境中，有非常多的因素都可能导致真实的观测矩阵与计算出来的观测矩阵不符的情况，例如距离估算错误、外部噪声、数据采集装置的采样深度不够等，关于这些问题，本书将在第 6 章进行讨论和研究。

其次，使用伪逆重构算法时，最终的成像过程要求获取完整的桶探测器信号和观测矩阵。重构过程是在所有采样结束后通过矩阵变换一次完成的，这将不再允许进行实时的物像重构。

除此之外，使用伪逆重构算法时，要求观测矩阵的秩不小于待测目标所具有的总像素点数，一旦这一条件不被满足，就会导致重构出来的像发生异常。观测矩阵的秩小于待测目标所具有的总像素点数时，观测矩阵伪逆重构算法所给出的重构图像如图 5.18 所示，其中图 5.18（a）～（d）对应的观测矩阵的秩分别为 256、512、1024、2048（在本次仿真条件下，观测矩阵的秩需要达到 4096 以进行高质量的重构）。

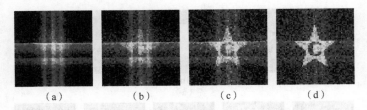

（a）　　　　　　（b）　　　　　　（c）　　　　　　（d）

图 5.18　传播距离为 10m，采用不满秩随机观测矩阵时伪逆重构算法给出的重构图像

可以发现，观测矩阵不满秩时，伪逆重构算法没有完全丧失成像能力，只是产生了一些噪点。注意到，这组数值模拟仍然是基于长距离的传输而得到的结果，可以发现尽管引入了随机噪点，但五角星的边缘锐利，细节清晰可辨。这说明伪逆重构算法还是完全消除掉了传递函数在重构图像上产生的失真。初步认为这些随机噪点与观测矩阵的形式有关。接下来，使用 Hadamard 衍生图样来构建观测矩阵，进行不满秩的伪逆重构过程，得到的重构结果如图 5.19 所示，其中图 5.19（a）～（d）为使用 Hadamard 衍生图样构建观测矩阵所对应的成像方案给出的重构图像，图 5.19（e）～（h）为使用正弦变换图样构建观测矩阵所对应的成像方案给出的重构图像；图 5.19（a）和（e）、图 5.19（b）和（f）、图 5.19（c）和（g）、图 5.19（d）和（h）分别对应观测矩阵的秩为 256、512、1024 和 2048 的情况。

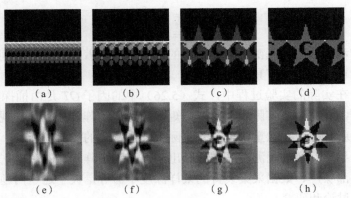

（a）　　　　　　（b）　　　　　　（c）　　　　　　（d）

（e）　　　　　　（f）　　　　　　（g）　　　　　　（h）

图 5.19　传播距离为 10m，采用不满秩 Hadamard 观测矩阵和正弦变换观测矩阵时
伪逆重构算法给出的重构图像

可见，对于不同形式的观测矩阵，在不满秩的情况下呈现出完全不一样的失真情况，一般来说，使用正弦变换图样和 Hadamard 衍生图样作为观测矩阵时，从完整的图样集合中抽出不同组合形式，构成不满秩的观测矩阵，重构出来的像还会出现更为复杂，但是有一定规律可循的失真。例如，从 64 像素×64 像素的 Hadamard 衍生图样集合（此集合内一共有 4096 张不同的图样）中抽出所有序号为奇数的图样，用这 2048 张图样组成一个 2048 像素×4096 像素的观测矩阵，并利用观测矩阵伪逆重构算法对一个像素化为 64 像素×64 像素的待测目标实施物像重构时，实际上就相当于对待测目标进行了一次 64 像素×32 像素的完整亚采

样成像，如图 5.20 所示。其中图 5.20（a）为满秩 Hadamard 观测矩阵给出的重构图像；图 5.20（b）利用不满秩的 Hadamard 观测矩阵（抽出序号为奇数的 Hadamard 衍生图样构建的观测矩阵）给出的重构图像。

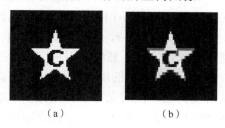

（a）　　　　　　　　（b）

图 5.20　利用满秩观测矩阵和特殊的不满秩观测矩阵获得的重构图像对比

除此之外，还有很多种不同的抽取方法，相应地产生其他类型的重构图像。限于篇幅，本书在这里不再一一列举。

与二阶关联算法相比，基于观测矩阵伪逆的重构算法并不要求所使用的观测矩阵具有较好的正交性，这是因为二阶关联算法在重构图像时，是利用观测矩阵的良好正交性使二阶关联函数的计算值逼近于常数倍的透射函数，从而实现成像，这个过程实际上是要求观测矩阵的转置逐渐逼近其伪逆矩阵。伪逆重构算法不使用观测矩阵的转置，而是直接使用其伪逆矩阵，直接得到待测目标的透射函数，这就只要求观测矩阵是个满秩的矩阵即可。

总的来说，在整个成像系统处于可控、无干扰的状态下时，基于观测矩阵伪逆的重构算法相较二阶关联算法有着巨大的优势。虽然光的衍射能明显地影响二阶关联算法和经典成像，只要传递过程是已知并可精确求解的，伪逆重构算法就不受其带来的任何影响，真正地做到从空间光调制设备到探测器，移除光路上的全部透镜，实现无透镜超分辨成像。但伪逆重构算法要求的环境往往过于理想，因此在很大程度上将限制它的实际应用，反过来说，二阶关联算法仍有其存在价值。关于外部干扰问题，将在第 6 章进行研究和讨论。

5.4　光源的随机相位调制范围对鬼成像的成像质量的影响

根据前面的研究和讨论，鬼成像的成像质量与照射到待测目标所处平面的光强分布（也即观测矩阵）之间有着密切的联系。不同的光源调制方式会给最终得到的光强分布带来不同的效果。自从鬼成像被提出至今，有许多种调制光源的手段。例如，把激光打在一个旋转的毛玻璃上，从而形成空间上具有伪随机涨落的赝热光；把激光或者普通热光打在由计算机驱动的 DMD 上，从而形成具有特定统计性质或者特定规则的图样；又或者使用空间光调制器对激光进行调制等办法，不胜枚举。

按照所调制的物理量对上面提到的调制方法进行分类，大概可以分为三类：纯振幅型调制、纯相位型调制以及振幅-相位型调制。振幅调制的方法一般是通过改变调制面的透射率（如数字投影仪等），直接控制光通量；或者改变光的传播角度，使其可以或者不能到达预定位置，然后利用占空比来控制输出光在一定时间范围内的平均光强（如 DMD 和激光器的组合）。而相位调制的方法一般为改变调制面的折射率分布，从而使得输出光的光程被不同程度地增加，从而完成相位调制。对光束施加振幅调制或相位调制都可以改变其在输出面上的光强分布，一般而言，由于振幅调制的机制往往比较简单，故而由振幅调制得到的光强分布情况相较于相位调制更为直观。但通过本节的研究发现，当使用激光作为照明光源时，使用基于相位调制而产生的随机散斑照明图样作为鬼成像的主动照明图样相比于使用基于振幅调制产生的图样在成像质量上具有明显优势。本节主要讨论了随机相位调制对鬼成像的成像质量的影响，还比较了基于振幅调制的鬼成像与基于相位调制的鬼成像。

5.4.1　光源的随机相位调制范围对鬼成像对比度的影响

本小节的讨论是基于图 5.21 给出的实验架构进行的。

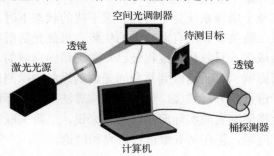

图 5.21　基于空间光调制器和激光的计算鬼成像实验装置图

激光器发出的光束经适当扩束后，到达空间光调制器（spatial light modulator, SLM）。这里，我们对光束的空间相位分布进行随机调制，SLM 由计算机驱动，加载在调制面上的掩膜是由计算机预先生成的大量的相互独立的、随机分布的图样，用以逐次对光束进行相位调制。在第 n 个调制周期内，经过调制后的光束［设其具有光强分布 $I^{(n)}(x,y)$］照射在待测目标上，使用一个桶探测器（如光电二极管）将透过的光接收并输送回计算机，记录为桶探测器信号 $B^{(n)}$，循环往复直至到达规定的测量次数，计算二阶关联函数以恢复物体的像：

$$g^{(2)}(x,y) = \frac{\left\langle I^{(n)}(x,y)B^{(n)}\right\rangle}{\left\langle I^{(n)}(x,y)\right\rangle\left\langle B^{(n)}\right\rangle} \tag{5.27}$$

式中，$\langle\cdots\rangle$ 代表对尖括号内的内容求关于 n 的统计平均值。

由于上文已经充分证明了照明图样的空间光强分布与鬼成像的成像质量具有较强的关联性，因此本小节集中讨论施加相位调制后，照射在待测目标平面的光强分布的变化。设 SLM 调制面上的光束具有场分布：

$$u_s(x_s,y_s) = A(x_s,y_s)\mathrm{e}^{i\theta(x_s,y_s)} \tag{5.28}$$

式中，$A(x_s,y_s)$ 和 $\theta(x_s,y_s)$ 分别代表光场的振幅和相位分布情况。对光场施加随机相位增量 $\theta'(x_s,y_s)$，经过调制后，光场分布变为

$$u_0(x_s,y_s) = A(x_s,y_s)\mathrm{e}^{i[\theta'(x_s,y_s)+\theta(x_s,y_s)]} \tag{5.29}$$

经过距离 z 的传播后，由菲涅耳衍射积分得到待测目标平面的光场分布为

$$u(x,y) = \frac{\mathrm{e}^{ikz}}{i\lambda z}\iint u_0(x_s,y_s)\mathrm{e}^{\frac{ik}{2z}[(x-x_s)^2+(y-y_s)^2]}\mathrm{d}x_s\mathrm{d}y_s \tag{5.30}$$

从而计算出光强分布：

$$I(x,y) = \left\langle u^*(x,y)u(x,y)\right\rangle \tag{5.31}$$

由于式（5.31）的解析形式非常复杂，本书计算了式（5.31）在不同相位调制范围下的数值解。首先，所使用的激光器为波长为 632.80nm 的 He-Ne 激光器，照射在 SLM 所处平面上形成一束腰半径为 2.56mm 的高斯光束；SLM 所处平面上的像素点尺寸为 0.04mm×0.04mm。SLM 对照射在其上不同位置像素点的光施加独立的随机相位调制，由调制所引发的相位延迟均匀地、随机地分布在区间 $\theta'\in[0,\Delta\varphi]$ 中。本书计算了当传播距离 z 和随机相位调制范围 $\Delta\varphi$ 发生改变时，在待测目标平面处光强空间分布的变化，数值计算结果如图 5.22 所示。

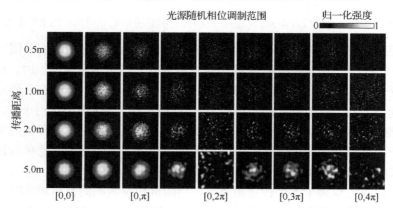

图 5.22　不同传播距离与不同随机相位调制范围所对应的待测目标平面处的光强分布情况

观察上述结果可以发现，在传播距离较近时，随着随机相位调制取值范围的

增大，光束的空间涨落看起来更加剧烈了。而当传播距离较远时，则呈现出一定的周期性。刘雪峰等[81]的工作已经指出了使用强度涨落剧烈的光场能显著提高鬼成像的对比度，相关的论证内容本书不再赘述。

为了方便定量地描述上述结果的光强涨落，本书定义"相对涨落强度"（relative intensity of fluctuation，RIF）如下：

$$\text{RIF} \equiv \frac{\sum\limits_{x,y} \left[I^{(n)}(x,y) - \left\langle I^{(n)}(x,y) \right\rangle \right]^2}{\left[\sum\limits_{x,y} \left\langle I^{(n)}(x,y) \right\rangle \right]^2} \tag{5.32}$$

RIF 的分子部分衡量了整个平面上所有像素点在时间上的平均涨落水平，分母部分是归一化项。为了确保 RIF 能够准确地给出涨落的剧烈程度，在实际操作中，取 1000 个不同的掩膜来调制光束，并以此计算 RIF，得到的结果如图 5.23 所示。

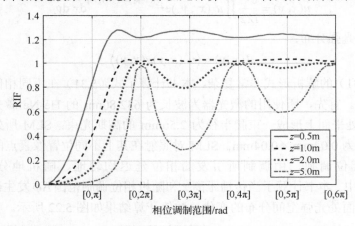

图 5.23　照明光束经过不同范围的随机相位调制后所形成照明图样的 RIF 的变化

观察图 5.23 可以发现，当 SLM 所施加的随机相位调制的取值范围不断增大时，RIF 的曲线呈现出周期为 2π 的类阻尼振荡式。当传输距离增加时，RIF 曲线的振荡变得强烈，但是随着随机相位调制的范围不断增大，最终它会稳定在它的极大值处。基本上，对于固定的传播距离，当随机相位调制的范围处于区间 $[0,2m\pi]$（m 为正整数）时，RIF 总是会达到它的极大值；换句话说，这时经调制的光束在待测目标平面所形成的光强分布的强度涨落是最为剧烈的。这也就意味着这种情况下，通过鬼成像技术重构出来的像具有较高的对比度。

同时，我们检验了各个传播距离下，当随机相位调制的范围增加时，光源在物体平面上形成的图样所构成的观测矩阵的扩展正交度，结果如图 5.24 所示。

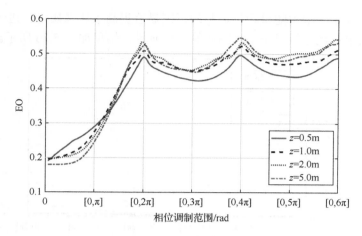

图 5.24　随机相位调制的范围对观测矩阵 EO 的影响

　　显然，随机相位调制范围从 0 开始不断增加时，观测矩阵的 EO 的变化规律与 RIF 所给出的关系极其类似，当相位调制的范围处于区间 $[0, 2m\pi]$ (m 为正整数) 时，这两个判据都给出较高指标，这从另一个侧面印证了理论预测的正确性。

　　为了进一步验证上述理论预测，本书进行了数值模拟，采用一个波长为 632.80nm 的 He-Ne 激光器作为光源，SLM 所处平面上的像素点尺寸为 0.04mm×0.04mm，SLM 对光束施加不同取值范围的随机相位调制（从 $[0, 0.05\pi]$ 开始，一直到 $[0, 2.00\pi]$，取步长为 0.05π 分别进行 20 次数值模拟）。待测目标是一个二值的、透光的五角星，其尺寸为 2.60mm×2.60mm，它被居中地放置在光轴上。对于每次模拟，都进行 120000 次关联测量。同时分别模拟了当待测目标放置在距离 SLM 不同远处的情况。限于篇幅，本书等距地挑选出了 20 个重构图像，如图 5.25 所示。

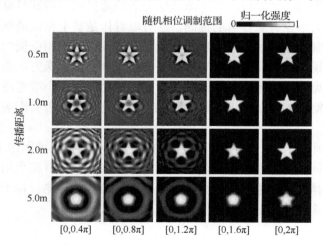

图 5.25　随机相位调制的范围和传播距离对鬼成像重构图像的影响

直观上来看，增大随机相位调制的范围显著提高了成像质量。进一步地，使用对比度来定量地考量每个重构图像的成像质量，结果如图 5.26 所示。

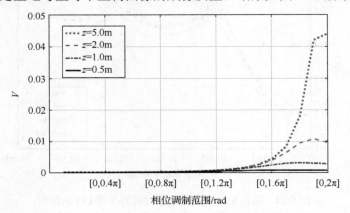

图 5.26　重构图像的对比度变化曲线

可以发现，当随机相位调制的范围逐渐增加到 2π 时，对比度总体上处于提升状态，较好地符合了本小节的理论预测。当距离增加时，可以发现对比度急剧上升。这是因为当传播距离增加时，受到衍射的影响，照射在待测目标平面的图样中的散斑颗粒的尺寸变大。根据本书前面的讨论，这时相当于减小了关联测量的计算复杂度，使得关联测量能够更快地进入完整关联测量状态。此外，散斑颗粒变大会降低成像的空间分辨率。

5.4.2　光源的随机相位调制对鬼成像空间分辨率和视场的影响

通过进一步的研究发现，对光源施加合适的随机相位调制对鬼成像的空间分辨能力和视场大小也有着显著的提高，这可以看作是基于相位调制的鬼成像相对于基于振幅调制的鬼成像的一大优势。本小节将探讨随机相位调制对鬼成像空间分辨能力与视场大小的影响，同时与基于振幅调制的鬼成像方案进行对比，以指出相位调制在鬼成像技术中的关键性。为了方便对比，本小节考虑在施加具有同样规律随机振幅调制的前提下，施加随机相位调制与否是否会影响成像对比度和视场大小。

设 SLM 所处平面上横向坐标为 (x,y) 的像素点处的振幅调制因子为 $A'(x,y)$，它的取值为区间 $[0,1]$ 的随机数。在保持其他条件与上一小节完全相同的条件下，计算了不同传播距离与不同随机相位调制范围所对应的待测目标平面处的光强分布情况，如图 5.27 所示。

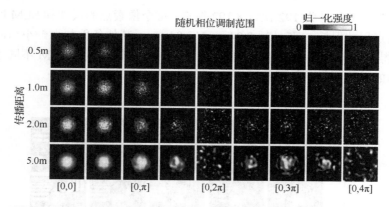

图 5.27　不同传播距离与不同随机相位调制范围所对应的待测目标平面处的光强分布情况
（施加随机振幅调制）

图 5.27 的第一列为不施加随机相位调制的情况。可见，当传播距离增加时，未经随机相位调制的光束所形成的散斑照明图样迅速丧失其空间涨落，形成空间稳定的、集中的光斑。由于其空间涨落的损失，利用这种光束作为照明光源时，鬼成像技术将无法成功地重构出物体的像。此外，由于二阶关联运算的本质是一种统计加权平均运算，其样本为散斑照明图样，其权重为桶探测器的测量值，故而鬼成像的空间分辨能力反比于照明光场的横向相干尺寸，直观地说，就是散斑照明图样中的散斑颗粒大小。受到衍射效应的影响，当传输距离增加时，横向相干尺寸呈现增加趋势。然而，通过对图 5.27 中的结果进行横向的对比可以发现，施加随机相位调制以后，衍射所造成的横向相干尺寸增加过程明显地减缓了，过大的散斑颗粒会使得鬼成像无法还原出待测目标的一部分细节，从而限制其空间分辨能力。另外，同样是通过横向的对比可以发现，当随机相位调制的范围在一个 2π 周期内逐渐增加时，调制后所形成的散斑照明图样将从"集中在光轴附近"向"遍布整个平面"变化，这样，光束得到了展宽，可以对更大面积内的空间进行探测，从而增加了视场。

为了验证上述理论预测，本小节设计了数值模拟。为了考量成像系统的分辨率，制作了一个特殊的待测目标，如图 5.28 所示，它具有不同尺寸的细节。

图 5.28　待测目标

待测目标的尺寸为 192 像素×192 像素，每个像素点的尺寸和 SLM 所处平面上的像素点尺寸保持一致，为 0.04mm×0.04mm。其他条件与上一小节的数值模拟相同。得到不同随机相位调制范围以及待测目标放置在距离 SLM 不同远处时的待测目标的重构图像，如图 5.29 所示。

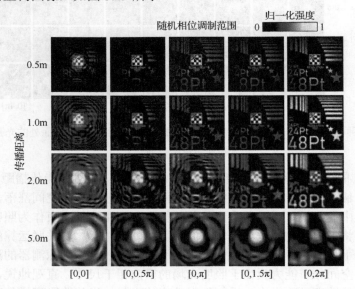

图 5.29   随机相位调制范围与待测目标放置位置对鬼成像重构图像的
空间分辨率能力和视场大小的影响

图 5.29 第一列的重构图像为不施加随机相位调制的方案。首先，当待测目标距离 SLM 比较近时，纯振幅调制的方案与相位调制的方案都具有比较理想的空间分辨能力。但随着距离的增加，未经随机相位调制的方案（第一列）所重构出的像迅速地损失其空间分辨率，实际上当距离为 2.0m 时待测目标就已经完全无法识别。而其他的施加了随机相位调制的方案，尤其是最后一列中所展示的重构图像相比于同一行的第一列重构图像，明显具有更高的空间分辨率。同样是待测目标与 SLM 的距离为 2.0m 的情况，纯振幅调制方案所得出的重构图像的中间部分已经糊作一团，不可辨认；但施加了范围为 2π 的随机调制后，重构图像中的中间部分仍然明暗可辨。此外，同样是横向对比，随机相位调制对光束的展宽效果使得这时重构图像获得了更大的视场。以上的结果很好地验证了本小节的理论预测。

5.4.3   纯振幅调制与相位调制成像方案的对比

通过 5.4.2 小节的研究，发现当光源为相干光时，在调制光源时施加适当的相位调制，能使重构图像在空间分辨率和视场大小上得到提升。尽管在假定光源都为相干光时，随机相位调制方案的优势已经足够明显，但必须要指出的是，大部分的纯振幅调制方案都是基于非相干光的。为了客观地对比两种方案，还需将讨论进行扩展。

比较常见的一种计算鬼成像架构是利用基于数字投影仪进行照明图样投射的，其所使用的光源为汞灯泡或者高亮白光发光二极管。从本质上来讲，这类光源属于热光，获取极为容易而且相干性极差，因而也就拥有极小的横向相干尺寸和巨大的发散角。理论上来说，以上三点都是热光源在成像技术中不折不扣的优势。一方面，极小的横向相干尺寸能实现极高的成像分辨率；另一方面，巨大的发散角可以极大地扩大视场。

但是实际上，基于热光源的计算鬼成像却只能依靠"获取容易"这一优势。原因在于，真实热光源的第二个优势和第三个优势在现有的技术条件下是不可实现的，这是因为热光的相干时间实在太短（$<10^{-14}$ s），若利用热光源的天然涨落性质，则需要响应时间与热光相干时间相当或者长得不太多的阵列探测器去实时探测它的涨落，这在目前是不可实现的。另外，本书在第 2 章曾经讨论了鬼成像的核心——关联测量的基本机制。当独立的像素点数变多时，计算复杂度飙升，需要的采样数量也迅速增加。这会给数据采集过程和物像重构的计算过程带来极大的麻烦。

也正是因为上面的原因，现在使用热光源作为鬼成像光源时，要么是通过增加单色性以改善其相干性，要么就是常见的，基于数字投影仪的鬼成像方案。在这种方案中，使用热光源作为照明光，利用振幅调制的方式来获取特定形式的散斑图样，由于在这个过程中根本就没有使用热光自身的涨落特性，故而这种成像架构的成像分辨率并不取决于光源的最小横向相干尺寸，而是取决于振幅调制所得到的散斑图样中出现的最小的散斑颗粒的尺寸。这就意味着，一旦光束在被调制后自由传播，由于热光本身的性质，随着物体与调制面的距离的增加，待测目标平面上的图样很快会变得非常模糊，使重构图像的分辨率急剧下降，这种情况下通常无法成像。为了解决这个问题，采用热光源作为照明光的计算鬼成像方案往往会使用一个透镜使调制好的散斑图样的像成在待测目标平面。首先在操作上，往往需要对投射透镜进行对焦调整（关于散焦对鬼成像的成像质量的影响，在第 6 章会进行研究和讨论）；其次需要注意的是，鬼成像是一种依赖于主动照明的成像架构，因而对照明光能量的相对集中有一定要求，热光自身较大的发散角在这种情况下反而成了一个缺点，使得远距离成像时，能量过分分散导致在成像时必须使用较大尺寸的桶探测器以避免噪声淹没信号，同时，也会使照射在物体上的散斑颗粒太大而导致无法分辨其细节。而激光作为光源则没有上述问题，在保证较为良好的方向性和能量集中的前提下，若再使用和上述方案中一样的透镜系统用于投射散斑照明图样，能实现更远距离的成像。上两小节的论述中已经充分地证明了，纯振幅调制的鬼成像方案，并不能将激光作为光源的优势发挥到极致，足见施加随机相位调制的重要性。

可见，在鬼成像中，光源的相干性是一柄双刃剑：如 5.4.1 小节的论述，完全的相干光因为不能产生空间涨落的散斑场从而导致成像失败。而相干性极差的热光源因为无法探测到其瞬时涨落，故而无法利用其带来的极高分辨能力。另外，完全相干光因为优良的方向性，导致光斑尺寸太小，使得视场过小，而热光过大的发散角又会给成像结果的分辨率以及技术实现带来诸多问题。总的来说，增强光的相干性比较困难，但破坏光的相干性却相对简单。对相干光源施加随机相位调制的好处就在于，可以人为地控制光的相干性，使其处在一个最适合作为鬼成像光源的状态上。

5.5　本章小结

本章主要讨论了与光的传递有关的内容，在此基础上研究了光在自由传播条件下对鬼成像的成像质量的影响。为了更加客观地横向对比使用不同照明图样的计算鬼成像方案的表现，基于观测矩阵的正交性定义了"扩展正交度"（EO）这一判据，并对各种成像方案在考虑光的自由传播的情况下的表现进行了比较和分析。总的来说，基于随机照明图样的成像方案更能抵抗衍射所带来的影响，而基于 Hadamard 衍生图样和正弦变换图样的成像方案在相同条件下则表现欠佳，在重构图像中往往出现各种失真，本章通过观察和研究 $\hat{O}$ 矩阵，对出现这些失真的原因给出了合理解释。

本章还讨论了基于观测矩阵伪逆的重构算法，数值仿真的结果表明，这种算法在理想条件下可以完全消除由衍射引起的失真。但关于这种方案的鲁棒性还未作讨论，将在第 6 章进行研究。

除此之外，本章还讨论了随机相位调制对鬼成像的成像质量的影响。对光源施加随机相位调制的取值范围会改变照射在待测目标上光束的强度涨落情况，进而影响成像的对比度。为了定量考量光束的强度涨落情况，本章定义了"相对涨落强度"（RIF）。基本上，当随机相位调制的范围在区间 $[0, 2m\pi]$（m 为正整数）时，RIF 会达到它的极大值。使用这种光源实施鬼成像时，重构图像的对比度显著地提高了。此外，相比于基于纯振幅调制的鬼成像方案，对光源施加适当的随机相位调制可以明显地增强鬼成像的空间分辨能力，同时也能拓宽重构图像的视场。本章还扩展讨论了当纯振幅调制方案使用热光源的情况，总的来说，使用相干光作为光源且施加适当随机相位调制的鬼成像架构在技术实现、成像分辨率等方面都具有明显优势，相关工作也可参看我们已经发表的期刊论文（文献[108]）。

第 6 章

外界干扰因素对鬼成像的
成像质量的影响

本书前面的讨论都是基于理想的实验环境下进行的。但在实际应用时,外界环境对成像系统引发的各种干扰无法被忽视。常见的干扰大致有湍流、杂散光、障碍物等直接干扰光信号,或者是一些和电子器件有关的因素,除此之外,还有人为操作导致的干扰,例如,计算鬼成像架构中距离估算误差过大导致观测矩阵计算错误,或者使用透镜汇聚照明图样时焦距调整不正确等情况。通常来说,如杂散光一类的天然干扰一般无法避免,而操作上带来的干扰虽然在原则上可以尽量避免,但是受限于测量设备的精度和实际的测量条件,在大多数情况下都很难做到精确控制。

本章就杂散光与人为操作对鬼成像系统的影响进行讨论。同时,在研究的过程中发现鬼成像技术在一定条件下具有对被遮挡的物体实现成像的能力,关于这部分内容也将在本章中进行单独介绍。

■ 6.1 杂散光干扰对鬼成像的成像质量的影响

所谓杂散光干扰,是指在成像环境中,除了鬼成像所需的照明以外还有其他光源存在,由于鬼成像在重构图像时要求知道待测目标平面上的真实光强分布,因此这种额外引入且无法准确测量的光信号势必会对成像结果造成影响。这种干扰在非暗室条件下十分常见,对反射式鬼成像架构的影响尤为明显。对于计算鬼成像方案而言,这等效于给桶探测器施加了一个加性噪声,进而干扰成像结果。

6.1.1 两种不同性质的杂散光干扰对鬼成像的成像质量的影响

根据干扰来源的不同,杂散光干扰可以细分为两个不同的类型,它们都具有不同的特征。

（1）第一种为天然热光源产生的噪声，如太阳光。这种噪声自身的涨落频率非常高，以至于在现有的绝大部分探测器看来，这是一个十分稳定的直流干扰，如果该干扰能在长时间内保持相同的强度，则可以被二阶关联函数完全消除掉。然而，地球时刻在围绕太阳旋转，同时，自身也在不停地自转，这会导致在任何时刻自然光的强度都在发生变化，除此之外，天气、周围环境的变化也会很明显地影响到探测器采集到的信号，从而对成像结果造成影响。

图 6.1 为在外界环境的总光照强度不断下降的条件下，在非暗室环境下和暗室环境下分别进行 20000 次测量的计算鬼成像给出的重构图像和桶探测器信号。其中，图 6.1（a）为非暗室环境下的重构图像；图 6.1（b）为非暗室环境下采集到的桶探测器信号（已作 0-1 归一化处理）；图 6.1（c）、（d）分别为暗室环境下所对应的重构图像和桶探测器信号。

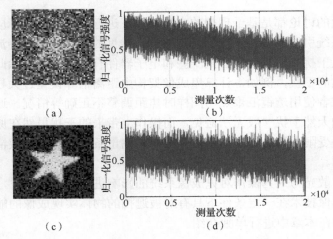

图 6.1　非暗室环境和暗室环境下鬼成像的成像效果对比

显然，这种缓慢连续变化的杂散光干扰也会严重影响成像质量。在图 6.1（b）中可以明显观察到桶探测器信号的强度随测量次数的增加不断下降，桶探测器信号发生偏移会导致重构过程中给随机散斑照明图样赋予错误的权重值并参与叠加，造成重构图像异常。这种影响在实际进行实验的过程中非常明显，甚至在光照角度合适的时候，人员在成像系统周围走动也会对桶探测器的读数产生肉眼可见的影响。

由于使用的照明图样具有随机性，这意味着图 6.1 中所给出的结果同样能对随机变化的噪声对鬼成像造成的影响给出预测，这是因为二阶关联计算本身是线性计算过程，随意改变叠加次序并不影响测量结果。

通常来说，下面两种办法可以尽可能地减少这种影响。

一是差分输入法。可以通过在桶探测器旁放置另一个相同的探测器来探测环境光的变化，通过同步差分输入来消除这种影响，前提是环境光的变化在大尺度上必须较为一致，并且用于探测噪声的探测器不能过多地接收来自空间光调制设备的有效光。这样一来，差分输入法就几乎只适用于透射式的成像方案了。

二是滤光分离法。由于自然热光的频率成分复杂，且总强度不高，因此可以使用能量集中在较窄波段的激光作为鬼成像的照明光源，然后在桶探测器前加装滤波片将大部分杂散光滤除，从而达到降低噪声、提高桶探测器信号信噪比的目的。

（2）第二种杂散光干扰为人工热光源产生的干扰，例如日光灯管等，由于这些光源大多数被市电驱动，因此这种光源产生的噪声不光具有热光源的随机涨落性质，还伴有来自市电的 50Hz 的周期振荡。这种噪声对成像造成的影响与自然热光类似，在此不再赘述。相比于自然热光，由于它具有周期振荡的特征，在进行实验时，可以使空间光调制设备以远高于或远低于 50Hz 的帧率投射散斑照明图样，同时数据采集卡以较高的采样率 f 进行采样。对采集好的数据先进行带通滤波处理，抹除频率为 50Hz 附近的信号，然后再使用处理过的数据进行物像重构，即可在很大程度上减小周期振荡噪声对成像带来的影响。使用这种方法时需要注意，空间光调制设备和数据采集装置需要具有较好的同步控制，且投射图样的间隔和采样间隔必须较为均匀，否则在进行带通滤波的过程中将会损失有用的信息。

6.1.2　基于不同照明图样的鬼成像方案对杂散光噪声的鲁棒性

本小节将通过数值模拟横向比较基于随机散斑照明图样、Hadamard 衍生图样、正弦变换图样的计算鬼成像方案对杂散光噪声的抵抗能力。在数值模拟中，生成在区间[0,1]变化的均匀分布的随机数，与一个可调整大小的因子相乘，得到噪声项。由于杂散光对于桶探测器的干扰等效于一个加性噪声，因此将噪声项与桶探测器信号直接相加，就完成了杂散光噪声的模拟。

数值模拟中所使用的待测目标为一个 64 像素×64 像素的卡通"小鬼"图片，本书分别计算了不同噪声强度下，三种鬼成像方案给出的重构图像，如图 6.2 所示。其中，图 6.2（a）和（d）为基于随机散斑照明图样的成像方案，测量次数分别为 4096 次和 25600 次；图 6.2（b）为基于 Hadamard 衍生图样的成像方案，测量次数为 4096 次；图 6.2（c）为基于正弦变换图样的成像方案，测量次数为 8192 次。

本书采用图像信噪比定量地描述重构图像的成像质量，其定义为[104]

$$\mathrm{SNR} \equiv \frac{\sum_{i,j}\left|T(i,j)\right|^2}{\sum_{i,j}\left|T(i,j)-I(i,j)\right|^2} \tag{6.1}$$

式中，$T(i,j)$ 为待测目标的透射函数（反射函数）；$I(i,j)$ 为待测目标的重构图像，它们都预先被归一化到区间[0,1]。计算了上述重构结果相对应的图像信噪比，结果如图 6.3 所示。

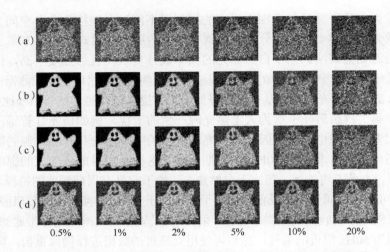

图 6.2　不同成像方案在不同强度的杂散光干扰下给出的重构图像

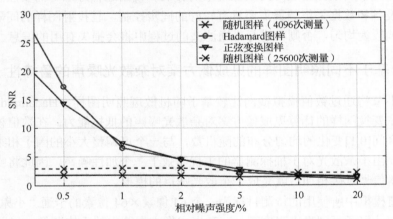

图 6.3　重构结果对应的图像信噪比

观察重构图像可以发现，基于两种有序图样的成像方案（即 Hadamard 方案和正弦变换方案）的成像效果随着噪声的增加迅速变差。但在噪声较小时，由于自身的正交性优势，导致其成像效果远远好于基于随机图样的成像方案。但基于随机散斑照明图样的成像方案可以随意增减测量次数，观察和对比图 6.2（b）～（d）可以发现，当噪声强度较强时，测量次数较多的基于随机照明图样的成像方案获得了更好的表现，同样可以发现，基于随机照明图样的成像方案对噪声的干扰相对来讲不是很明显，这些判断在图 6.3 中的信噪比曲线中也得到了验证。

接下来讨论基于求观测矩阵伪逆的重构算法对杂散光的鲁棒性。仍然使用 64 像素×64 像素的"小鬼"图片作为待测目标，利用随机矩阵构建 4096 像素×4096 像素的观测矩阵，并应用伪逆重构算法，计算了不同强度的杂散光噪声干扰下的重构图像（图 6.4）。

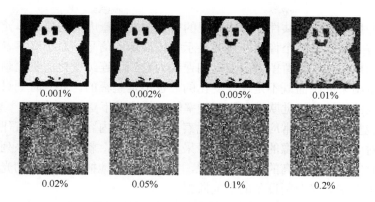

图 6.4　伪逆重构算法的鲁棒性分析

显然，相比二阶关联算法，伪逆重构算法对实验环境有着极高的要求，其鲁棒性极差，虽然在噪声较低时给出了质量更好的重构图像，但随着噪声的增加，其成像质量迅速下滑。对比图 6.4 和图 6.2（a），可以发现，在伪逆重构算法方案上施加强度为二阶关联算法方案中百分之一左右的噪声，才能使伪逆重构算法方案勉强恢复出待测目标的像。因此，在实验环境中具有较大噪声干扰时，应考虑使用二阶关联算法实施物像的重构。

■ 6.2　实验条件对鬼成像的成像质量的影响

除了杂散光可能影响成像结果以外，实验过程中的实验条件和人为操作，也可能对成像结果造成明显的影响。本节将分别介绍两种比较典型的因素对鬼成像的影响：空间光调制器件本身的性质以及照明图样散焦所带来的影响。

6.2.1　空间光调制器件对鬼成像的成像质量的影响

计算鬼成像方案需要使用空间光调制设备以生成先验照明光源，目前常见的有三种技术：液晶显示（liquid crystal display，LCD）投影技术、硅基液晶显示器（liquid crystal on silicon，LCoS）技术和 DMD 技术。这三种技术的实现方法大同小异，对于 LCD 投影技术来说，它是使待调制光通过一片液晶板，通过电信号对液晶阵列进行控制，使其特定部位产生透射率变化，从而实现光源的调制。LCoS 技术则是在硅片上附着液晶，同样是通过电信号对液晶阵列进行控制，通过改变折射率从而实现对光的相位调制。而 DMD 技术则是依赖于一个电控微镜阵列，数以百万计的微小反射镜根据加在其两级上电压大小的不同，可相应地做 ±15° 的旋转，将光导向不同方向，通过改变微小反射镜开关信号的占空比即可实现具有灰度的振幅调制。

这三种技术有一个共性，即用有限的引脚控制数量庞大的显像单元。通常采取扫描的方式依次使每个像素开启并显示它该显示的信号。对于观察者来说，这是一种视觉欺骗，视觉暂留效应使人们误以为看到了连续变化的整幅画面。但实际上，显示出来的画面既不是连续变化的，也不是整幅的，同一时刻只有有限个像素点是亮的。这种视觉欺骗在刷新频率较高的情况下更加明显。

这种视觉欺骗对日常应用（例如观察显示器上的内容）几乎没有任何负面作用，不过对于计算鬼成像的照明和信号采集过程来说，就将引发一系列问题。首先，对于时间分辨率较高的探测器来说，它能很轻易地捕捉到瞬时的光强变化，从而"识破"空间光调制设备的视觉欺骗。

一般来说，在空间光调制设备投射出一张图样到另一张图样的一段时间 Δt 内，数据采集装置以一定的采样率进行连续的数据采集，并计算采集到的数据的平均值，作为当前照明图样对应的桶探测器信号，记录在计算机中。这时，如果以接近或超过空间光调制设备刷新率的速率采集桶探测器信号，就会出现某个图样还没投完，就已经开始投射下一张图样的情况，采集到的桶探测器信号实际上只是残缺的照明图样透过物体产生的总光强，进而干扰成像结果。要解决这样的问题，通常采取的办法有两种，一是延长单次的采样时间，二是增加空间光调制设备的帧率，这两种办法的效果是等价的，都是在一次采样的时间内尽可能多地收集信息。本书通过实验给出了第一种方案的效果，为了方便展示出数字投影仪刷新率所带来的影响，本次实验采用单位矩阵作为观测矩阵（即逐点扫描架构）进行成像，实验中使用的待测目标为印刷有一个透光的"长"字的玻璃片，如图 6.5 所示。

图 6.5　待测目标及其尺寸

在实验中，使用 NI PCI-6220 数据采集卡进行数据采集和记录，它工作在 20kHz 的采样率的 N 采样模式下，通过改变采样数来控制桶探测器信号的采样率；使用 DLP 数字投影仪（极米 z4）作为照明光源，其工作在 720P @ 120Hz 模式下；分别使用 32 像素×32 像素和 64 像素×64 像素的照明图样，在不同的采样率下对待测目标实施成像，得到的实验结果如图 6.6 所示，其中图 6.6（a）、（b）对应的空间分辨率分别为 32 像素×32 像素和 64 像素×64 像素。

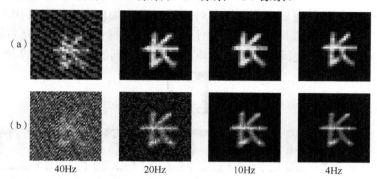

图 6.6　保持投影仪刷新率不变，在不同采样率下得到的重构图像

　　显然，在采样率较高时能明显地观察到投影仪刷新像素不同步/不完全对重构图像造成的影响，观察采样率为 40Hz 的情况。可以发现，无论是在 32 像素×32 像素的重构图像中还是 64 像素×64 像素的重构图像中，都可以观察到规律性的条纹结构，而当降低桶探测器信号的采集速率以后可以发现，这种干扰对成像结果造成的影响明显降低了，但显然，这样会降低采样的速度。基于同样的道理，在不降低桶探测器采样率的前提下，还可以使用刷新率更高的空间光调制设备来调制光源以达到同样的效果。

　　理论上说，空间光调制设备的刷新率和桶探测器信号采样率的比值越高，空间光调制设备对重构图像所造成的影响就越小。而对于基于激光打到毛玻璃上后所制备的赝热光也会存在类似的问题，虽然毛玻璃对于激光的调制是实时的，但由于还需要 CCD 对散斑照明图样进行采集和记录，而 CCD 本身在记录光强的时候也是扫描式的，因此这不过是将问题从光源上转移到了探测器上。这时，要获得质量较好的像，需要要求 CCD 的刷新率足够快（或桶探测器端的采样率足够低），以单次采样结束时能完整记录一幅照明图样。或者，也可以在成像前，就将赝热光的光强分布提前记录下来，并采取计算鬼成像的单臂光路实验架构进行成像。以上两种方法都能较好地规避这一问题。

6.2.2　传递距离估计错误对重构图像的影响

　　本小节主要考虑当使用投影仪等空间光调制设备进行计算鬼成像时，照明图样没有正确在待测目标平面对焦，或使用不带有投射透镜的成像方案时，待测目标与调制面之间的距离估算错误的情况。

　　实际上，这两种情况是等价的，都可以认为是重构图像时使用的散斑照明图样相对于真实照在待测目标上的散斑照明图样多传播了或少传播了一段距离，导致其空间分布不一致，从而影响了重构结果。接下来，将通过数值模拟，观察这类干扰产生的影响，在数值模拟中，仍然使用"小鬼"作为待测目标；同时，使用随机图样作为散斑照明图样，并对照明光源施加$[0,2\pi]$的随机相位调制。在以上条件下计算了当重构图像时，用于计算待测目标平面上光强分布的"距离"与光的真实传播距离之间发生偏移时重构图像，得到的结果如图6.7所示。

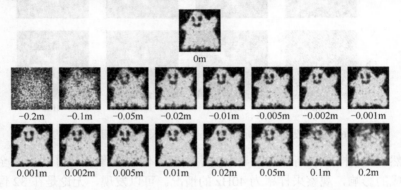

图 6.7　传播距离估算错误时鬼成像系统给出的重构图像

可以观察到，当距离估计不当或调焦不准导致与真实传播距离发生偏移时，与传统光学成像的像差类似，会导致重构图像变模糊。

事实上，这种情况在实际的鬼成像操作中几乎是不可能避免的。一方面，如果是采用透镜将照明图样投射在待测目标上的实验架构，那么需要对透镜组进行调节，使照明图样清晰、明锐地照射在待测目标上。由于这个过程是操作者通过眼睛观察散斑照明图样的情况作为反馈，而后再进行手动调节，因此存在误差将在所难免。另一方面，对于使用传递函数来计算待测目标所处平面的光强分布的实验架构，则需要对待测目标所处平面与光源平面的距离进行相当精准的估计。更为重要的是，在以后的应用前景中，若对一个肉眼不可见或很难看见的物体进行鬼成像，将无法通过观察来判断散斑照明图样是否正确对焦，这时，若鬼成像系统给出了一个较为模糊的重构图像，除了考虑衍射效应是否太严重以外，还应考虑是否因为照明图样散焦或是传递距离估计错误所造成的影响。

■ 6.3　被遮挡物体的鬼成像

对于传统的成像技术而言，对一个被障碍物所遮挡的物体进行成像通常被认为是一个比较困难的问题。然而，本书通过研究发现，鬼成像具有对被遮挡物体进行成像的潜力。这是因为鬼成像技术在根本上是一种基于涨落关联的计算成像，它并不像传统光学成像那样依赖于对物体空间信息的点对点直接获取，取而代之的是，鬼成像技术依靠不同的散斑照明图样与待测目标产生相互作用后得到的总光强的不同来估计物体的空间分布情况（一般是估计物体的空间透射函数或反射函数）。

因此，从理论上来说，只要能够保证桶探测器收集到的光强值的涨落情况没有被严重破坏，就可以通过鬼成像技术成功地估测出物体的空间分布情况，即实现对物体的成像。本节将从理论的角度出发，建立被遮挡物体进行鬼成像的物理模型，并讨论鬼成像技术应用于对被遮挡物体进行成像的可行性。此外，本节也将汇报相关的数值模拟工作结果，用于验证理论预测。

6.3.1　物理模型

如图 6.8 所示，激光器产生的光束经适当扩束，并由空间光调制器（SLM）调制为空间上涨落的、强度随机分布的散斑照明图样。经调制过的光束分别经过待测目标和障碍物，最终被桶探测器所收集。其中，障碍物的尺寸大于待测目标，但未能将光源发出的光完全遮挡，此外，物体和障碍物间的距离为 z。

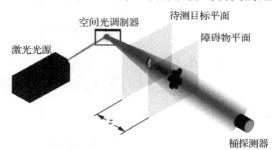

图 6.8　对被遮挡物体的计算鬼成像原理图

接下来研究这个方案下的二阶关联函数，为简单起见，本书将所研究的平面进行离散化剖分，并从一维的情况出发来讨论这个问题。首先，t 时刻时，经调制后的光束在待测目标平面上形成的散斑照明图样的光强分布可以表示为如下的向量形式：

$$S = [s_1(t) \quad s_2(t) \quad \cdots \quad s_n(t) \quad \cdots \quad s_N(t)]^{\mathrm{T}} \quad (6.2)$$

设待测目标和障碍物的透过函数分别为对角矩阵 C 和 D，则散斑照明图样与待测目标接触后，照明光束的光强分布为

$$I_1(t) = C \cdot S(t) = [c_1 s_1(t) \quad c_2 s_2(t) \quad \cdots \quad c_n s_n(t) \quad \cdots \quad c_N s_N(t)]^{\mathrm{T}} \quad (6.3)$$

式中，$c_n = C_{nn}$ 为矩阵 C 的对角元素（后面关于障碍物透射矩阵 D 和矩阵元素符号的定义与此相同，不再赘述），它衡量了待测目标在第 n 个像素点处的平均透光

水平。透射光经过距离 z 的传播后，到达障碍物平面，此时的光强分布可以表示为

$$I_2(t) = A \cdot I_1(t) = \begin{bmatrix} \sum_{n=1}^{N} A_{1n}c_n s_n(t) \\ \sum_{n=1}^{N} A_{2n}c_n s_n(t) \\ \vdots \\ \sum_{n=1}^{N} A_{mn}c_n s_n(t) \\ \vdots \\ \sum_{n=1}^{N} A_{Nn}c_n s_n(t) \end{bmatrix} \tag{6.4}$$

式中，A 表示自由传播矩阵，其具体形式稍后会进行讨论，这里暂时抽象化为一变量符号。经过障碍物后，光束的光强分布可以表示为

$$I_3(t) = D \cdot I_2(t) = \begin{bmatrix} d_1 \sum_{n=1}^{N} A_{1n}c_n s_n(t) \\ d_2 \sum_{n=1}^{N} A_{2n}c_n s_n(t) \\ \vdots \\ d_m \sum_{n=1}^{N} A_{mn}c_n s_n(t) \\ \vdots \\ d_N \sum_{n=1}^{N} A_{Nn}c_n s_n(t) \end{bmatrix} \tag{6.5}$$

选用一个较大的桶探测器，将透过的光全部收集，得到桶探测器信号：

$$B(t) = \sum_{n=1}^{N} I_3 = \sum_{m=1}^{N} d_m \sum_{n=1}^{N} A_{mn}c_n s_n(t) \tag{6.6}$$

最后，利用照射到待测目标平面的光束的光强分布 $I_1(t)$ 与桶探测器信号 $B(t)$ 进行二阶关联运算以完成对待测目标像的重构：

$$g^{(2)}(n') = \frac{\langle I_1(n',t)B(t) \rangle_t}{\langle I_1(n',t) \rangle_t \langle B(t) \rangle_t} \tag{6.7}$$

式中，$\langle \cdots \rangle_t$ 代表对尖括号内的内容求关于 t 的统计平均值。

式（6.7）中分母的作用相当于归一化系数，而分子为未归一化的二阶关联函数，包含了物体的空间信息，将其展开得

$$G^{(2)} = \begin{bmatrix} \left\langle s_1(t) \sum_{m=1}^{N} d_m \sum_{n=1}^{N} A_{mn} c_n s_n(t) \right\rangle_t \\ \left\langle s_2(t) \sum_{m=1}^{N} d_m \sum_{n=1}^{N} A_{mn} c_n s_n(t) \right\rangle_t \\ \vdots \\ \left\langle s_{n'}(t) \sum_{m=1}^{N} d_m \sum_{n=1}^{N} A_{mn} c_n s_n(t) \right\rangle_t \\ \vdots \\ \left\langle s_N(t) \sum_{m=1}^{N} d_m \sum_{n=1}^{N} A_{mn} c_n s_n(t) \right\rangle_t \end{bmatrix} \tag{6.8}$$

其中第 n' 个元素取出，并进一步展开，得到

$$\begin{aligned} G^{(2)}(n') = \langle s_{n'}(t) \\ \times \{ d_1 [A_{11} c_1 s_1(t) + A_{12} c_2 s_2(t) + \cdots + A_{1n} c_n s_n(t) + \cdots + A_{1N} c_N s_N(t)] \\ + d_2 [A_{21} c_1 s_1(t) + A_{22} c_2 s_2(t) + \cdots + A_{2n} c_n s_n(t) + \cdots + A_{2N} c_N s_N(t)] + \cdots \\ + d_m [A_{m1} c_1 s_1(t) + A_{m2} c_2 s_2(t) + \cdots + A_{mn} c_n s_n(t) + \cdots + A_{mN} c_N s_N(t)] + \cdots \\ + d_N [A_{N1} c_1 s_1(t) + A_{N2} c_2 s_2(t) + \cdots + A_{Nn} c_n s_n(t) + \cdots + A_{NN} c_N s_N(t)] \} \rangle \end{aligned} \tag{6.9}$$

由于空间光调制器对光源施加了随机调制，因此可以认为光场在待测目标平面上的每个像素点处都是相互独立的，即

$$\langle s_{n'}(t) s_n(t) \rangle_t = \delta(n', n) l + I_A \tag{6.10}$$

式中，l 是一个与光场的涨落强烈程度有关的常量；I_A 是光场在时间上的平均强度，测量次数比较多时，也可以认为是一常量。由此，式（6.8）中所有与 $s_{n'}^2(t)$ 有关的项在数值上都得到了加强，并且凸显于那些不含有 $s_{n'}^2(t)$ 的项。这些被加强的项是

$$\begin{aligned} D_T &= \left\langle s_{n'}^2(t) c_{n'} \sum_{m=1}^{N} d_m A_{mn'} \right\rangle_t \\ &= (l + I_A) c_{n'} \sum_{m=1}^{N} d_m A_{mn'} \end{aligned} \tag{6.11}$$

将式（6.10）代入式（6.7），可知待测目标的未归一化的二阶关联函数可以进一步地表示为

$$G^{(2)}(n') = l c_{n'} \sum_{m=1}^{N} d_m A_{mn'} + I_A \sum_{m=1}^{N} d_m \sum_{n=1}^{N} A_{mn} c_n \tag{6.12}$$

显然，待测目标的二阶关联函数与 $l c_{n'} \sum_{m=1}^{N} d_m A_{mn'}$ 项正相关，尽管其中 $c_{n'}$ 衡量了待测目标在其所处平面上的横向坐标 n' 处的平均透过率水平，但由于其余因子的存

在，仅仅通过这个结论暂时还不能说明得到的二阶关联函数就是物体的像。为了得到有效的证据，还必须考量传播矩阵 A 的具体形式。

6.3.2　传播矩阵对二阶关联函数的影响

为了得到传播矩阵 A 的具体形式，需要考虑单色光的自由传播理论。本书采用菲涅耳-索末菲积分[107]来研究光场自由传播一段距离后所形成的场分布与光强空间分布。

同样地，为了计算简便和方便讨论，本书考虑一维情况。假设 t' 时刻，光源在待测目标平面的场分布为 $u_0(x,t')$，其中 x 为横向坐标。经过距离 z 的传播后，到达障碍物平面，形成的场分布为

$$u(x',t') = \frac{e^{ikz}}{i\lambda z}\int u_0(x,t')e^{\frac{ik}{2z}(x'-x)^2}\,dx \tag{6.13}$$

式中，λ 为光源的波长；$k = 2\pi/\lambda$ 为波矢。取步长为 Δx，将所研究的平面划分为 N 块，对于重新网格化的空间，上述积分被离散化：

$$u(p,t') = \frac{e^{ikz}(\Delta x)^2}{i\lambda z}\sum_{q=1}^{N} u_0(q,t')e^{\frac{ik}{2z}(p-q)^2(\Delta x)^2} \tag{6.14}$$

式中，p 和 q 为离散化后平面的横向坐标。且

$$h(p-q) = \frac{e^{ikz}(\Delta x)^2}{i\lambda z}\sum_{q=1}^{N} e^{\frac{ik}{2z}(p-q)^2(\Delta x)^2} \tag{6.15}$$

称为点扩展函数（point-spread-function，PSF）。可以求得障碍物平面上的光强分布为

$$\begin{aligned}
I_2(p,t) &= \left\langle u^*(p,t')u(p,t')\right\rangle_{t'}\\
&= \left\langle [h^*(p-1)u_0^*(1,t') + h^*(p-2)u_0^*(2,t') + \cdots\right.\\
&\quad + h^*(p-q)u_0^*(q,t') + \cdots + h^*(p-N)u_0^*(N,t')]\\
&\quad \cdot [h(p-1)u_0(1,t') + h(p-2)u_0(2,t') + \cdots\\
&\quad \left. + h(p-q)u_0(q,t') + \cdots + h(p-N)u_0(N,t')]\right\rangle_{t'}
\end{aligned} \tag{6.16}$$

式中，$\langle\cdots\rangle_{t'}$ 代表对尖括号内的内容求关于 t' 的统计平均值，此步操作的物理意义为，在探测器积分时间内取光场探测的平均值。这里需要指出的是，激光光束被空间光调制器施加了随机的振幅和相位调制后，其相干性被人为地破坏了，因此有

$$\left\langle u^*(x_1,t')u(x_2,t')\right\rangle_{t'} = \delta(x_1,x_2)I \tag{6.17}$$

所以，式（6.16）就得以化简为

$$I_2(p,t) = \sum_{q=1}^{N} h^*(p-q)h(p-q)I_1(q,t) \tag{6.18}$$

进一步将式（6.18）归纳为矩阵的形式，可以得到

$$I_2 = A \cdot I_1$$

$$= \begin{bmatrix} |h(0)|^2 & |h(-1)|^2 & \cdots & |h(1-q)|^2 & \cdots & |h(1-N)|^2 \\ |h(1)|^2 & |h(0)|^2 & \cdots & |h(2-q)|^2 & \cdots & |h(2-N)|^2 \\ \vdots & \vdots & \ddots & & & \vdots \\ |h(p-1)|^2 & |h(p-2)|^2 & & |h(0)|^2 & & \vdots \\ \vdots & \vdots & & & \ddots & \\ |h(N-1)|^2 & |h(N-2)|^2 & \cdots & & & |h(0)|^2 \end{bmatrix} \begin{bmatrix} s_1(t) \\ s_1(t) \\ \vdots \\ s_q(t) \\ \vdots \\ s_N(t) \end{bmatrix} \tag{6.19}$$

其中，传播矩阵 A 的矩阵元为

$$A_{pq} = |h(p-q)|^2 = \frac{(\Delta x)^4}{\lambda^2 z^2} \sum_{q'=1}^{N} \sum_{q=1}^{N} \cos\left\{ \frac{i\pi(\Delta x)^2}{\lambda z}[(p-q')^2 - (p-q)^2] \right\} \tag{6.20}$$

上式又被称为强度点扩展函数。通过数值计算，本书给出了几个典型波长的光源在不同传播距离下的强度点扩展函数曲线，如图 6.9 所示。

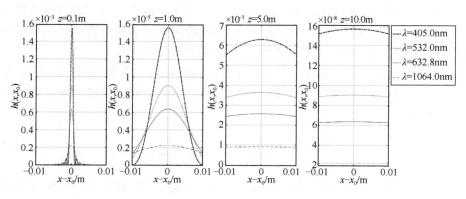

图 6.9　不同波长的光源在不同传播距离下的强度点扩展函数曲线

可见，当波长和传播距离增加时，强度点扩展函数的走势趋于平缓。即当波长和传播距离的乘积 λz 的值较大时，对于任何的 ξ，都有 $h(\xi) \approx h(0)$；而当 λz 的值较小时，上述条件则不能被满足。鉴于传播矩阵 A 的矩阵元就是强度点扩展函数的具体体现，于是有了传播矩阵 A 的具体形式，就可以讨论它对鬼成像技术重构图像的关键环节——二阶关联函数的影响了。

在 6.3.1 小节已经得到了待测目标的二阶关联函数，即式（6.12）。观察式（6.12）可以发现，第二项与像平面上的横向坐标 n' 无关，换句话说，对于任何的 n'，式（6.12）中第二项的数值都不发生变化，只有第一项能凸显物体的透射率在不同空间坐标处的不同，从而提供物体像的信息。其中，$c_{n'}$ 衡量了横向坐标为 n' 处物体的透射率，若能证明因子 $\sum\limits_{m=1}^{N} d_m A_{mn'}$ 不随 n' 的变化而变化，也就相当于证明了此时的二阶关联函数与待测目标透射函数存在正相关的线性关系，其归一化后的结果可以认为就是物体的像。通过上面关于传播矩阵 A 的研究和讨论，显而易见的是，当传输距离和波长的乘积 λz 较大时，传播矩阵 A 的元素在各处趋于相等，这时有

$$G^{(2)}(n') = l\,\overline{d}\,\overline{A}c_{n'} + I_A \sum_{m=1}^{N} d_m \sum_{n=1}^{N} A_{mn} c_n \tag{6.21}$$

式中，

$$\overline{d} = \frac{1}{N}\sum_{m=1}^{N} d_m \tag{6.22}$$

$$\overline{A} = \frac{1}{N}\sum_{m=1}^{N}\sum_{n=1}^{N} A_{mn} \tag{6.23}$$

为两个和空间坐标 n' 不相关的因子。这时，二阶关联函数与物体的透射函数呈现线性关系。这意味着在这种条件下，利用鬼成像可以正确地恢复物体的像——即便在经典成像方案看来，此时的待测目标是被遮挡住的。

然而，当 λz 比较小的时候，上述条件不能被满足。取极端情况，当 λz 趋近于 0 时，强度点扩展函数的形式趋近于狄拉克函数。这时，传递矩阵 A 趋近于一个对角矩阵，有

$$G^{(2)}(n') = lA_{n'n'}d_{n'}c_{n'} + I_A \sum_{m=1}^{N} d_m \sum_{n=1}^{N} A_{mn} c_n \tag{6.24}$$

式中，对于任何的 n'，$A_{n'n'}$ 的值都相等（$A_{n'n'} = |h(0)|^2$）。此时空间坐标 n' 处的二阶关联函数与待测目标、障碍物的透射函数的乘积 $c_{n'}d_{n'}$ 呈现线性关系。这时的二阶关联函数所还原的是待测目标和障碍物的叠加像，由于一般情况下待测目标的尺寸都比障碍物要小，所以此时往往可以认为对待测目标的成像失败了。而在以上讨论的两种情况之间，待测目标的像可以部分地被还原出来，原则上讲，λz 在数值上越大，待测目标的像就更清晰，反之，则会趋于得到两个物体的叠加像。

故而，从理论上来讲，鬼成像能够实现对被遮挡物体的成像，但是要在待测目标与障碍物间的距离与波长的乘积 λz 足够大的情况下才行。

6.3.3　鬼成像对被遮挡物体成像的物理机制

从本质上讲，鬼成像是一种计算成像，是从测得的一系列数据中通过计算的方式提取出待测目标的信息，与传统成像方式直接获取光强分布不同，鬼成像技术是从一系列时变的一维信号（桶探测器信号）中提取信息。而关于鬼成像能具有这一特殊优势的成因，其背后的物理原理已经十分明显。衍射在其中起到了决定性的作用，其过程是：首先，经过调制后的照明光束携带着待测目标的透射信息传播一段距离，到达了障碍物平面。在这个过程中，由于衍射，待测目标平面上的每一个点源都在障碍物平面的对应位置处形成一个具有一定尺寸的艾里斑。这些艾里斑相互交叠，结果是障碍物平面上的每个像素点处都具有来自待测目标平面上多个点源的光强信息。显然，当传播距离和/或波长增加时，艾里斑的尺寸都会变大，这就使得障碍物平面上的每个像素点处都获得了来自更多待测目标平面上点源的信息。当传播距离和/或波长持续增大到一定程度时，可以认为障碍物平面上任取一个像素点，其中都包含了来自待测目标平面上全部点源的信息。这就导致那些对还原待测目标的像有用的信息总是可以从障碍物的边界外逃出，并被桶探测器收集到。需要注意的是，本理论并不限定障碍物的形状，也不需要提前知道障碍物的形状。对于一个形状未知的障碍物，只要它没有将照明光全部遮挡住，那么在合适的距离上，应用鬼成像技术就能对被遮挡的待测目标实现成像。不仅如此，根据如上分析，即便待测目标前方存在多个障碍物，只要满足待测目标距离这些障碍物足够远这一条件，使用鬼成像技术仍可在这些障碍物的大小、形状、取向等条件未知的情况下，较为准确地获取待测目标的像。

在这里需要额外指出的是，为了计算简便，本节中的理论推导均是在"使用一个很大尺寸的桶探测器把全部的透射光收集到"的前提下进行的。这其中看似存在一个漏洞，就是使用的桶探测器非常大，那么在桶探测器的边缘处，障碍物是否其实并未完全遮挡住待测目标呢？其实这个漏洞并不存在。因为鬼成像的成像机制决定了不需要把全部的透射光都收集到，也可以完成对物体的像的还原；这也就是说，在实际操作中，"使用较大尺寸的桶探测器"不仅不是一个必要的实验条件，恰恰相反，理想条件下，使用一个点探测器也可以实现鬼成像。

这是因为根据前几章的论述，鬼成像技术中，桶探测器只要能记录下总光强之间的相对涨落关系，就可以实现对待测目标的成像。而经过较长距离的传播，由于衍射的作用，由每个点源形成的光斑经过融合，在桶探测器平面上靠近光轴的一片区域里形成了较为均匀的分布。其中任何一点中都包含待测目标平面上每个像素点中的信息。因此，理想情况下，即便使用一个尺寸非常小的探测器，也不会影响以上所得出的全部结论，下面的数值模拟结果可以给该理论提供强有力的支持。原则上来说，探测器的尺寸只会影响采集到的信号的信噪比，在有噪声的情况下，大尺寸的探测器将有利于降低噪声的影响，在 6.3.4 小节中，我们进行了鲁棒性测试，考量了这个成像方案对于噪声的抵抗能力。

6.3.4　数值模拟和鲁棒性分析

为了验证以上的理论预测，在本小节进行了数值模拟，并且进行了鲁棒性分析。

本书参照图 6.8 构建了模型，并进行了数值模拟。使用一个波长为 632.80nm 的 He-Ne 激光器作为照明光源，经过适当扩束后，使用空间光调制器对光束施加随机的相位和振幅调制。空间光调制与待测目标间的距离为 0.50m。待测目标平面和障碍物平面均被像素化为 64 像素×64 像素，每个像素点的尺寸为 0.04mm×0.04mm。如图 6.10 所示，待测目标的尺寸为 1.28mm×0.72mm，障碍物为一个 "鬼" 形的不透明板，其尺寸为 2.08mm×2.08mm，它们都被居中放置在光轴上。使用一个方形的桶探测器，其尺寸为 0.08mm×0.08mm。桶探测器放置在光轴上，所处平面距离障碍物平面 10.00m。

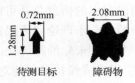

待测目标　　　　障碍物

图 6.10　数值模拟中所使用的待测目标和障碍物

1. 待测目标与障碍物间的距离对成像结果的影响

在这一部分中，除了上述条件以外，光源的波长被限定为 632.80nm。计算了当障碍物与待测目标间的距离不同时，待测目标的重构图像，如图 6.11 所示。

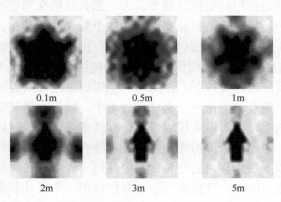

图 6.11　待测目标与障碍物之间的距离发生变化时待测目标的重构图像

为了定量衡量图 6.11 中的重构图像,本书使用均方误差(mean square error,MSE)展开讨论,在鬼成像的应用环境中,其定义为[74]

$$\text{MSE} \equiv \frac{1}{M} \sum_{i,j} [T(i,j) - I(i,j)]^2 \tag{6.25}$$

式中,$T(i,j)$ 为待测目标的透射函数(反射函数);$I(i,j)$ 为实际得到的重构图像;M 为像素化的透射函数(反射函数)或重构图像中包含的总像素点数。从定义上来看,MSE 给出的是重构图像与透射函数(反射函数)中每对对应位置的元素间光强值的平均偏移水平。因此,MSE 的数值越大就表示重构图像与透射函数(反射函数)的差距越大,反之则说明重构图像的质量更好。MSE 可以衡量一个具有灰度的像的质量如何,此外,由于其算法机制,MSE 特别适合于判断由鬼成像的不完整关联测量所带来的噪点对成像产生的影响的严重程度。

尽管 MSE 的定义已经非常适合用来评价图像的质量,但其中仍然有一个需要解决的问题。图像与单纯的信号不同,人们观察一幅图像时往往并不关心某个像素点处的绝对强度值,而是通过像素点间的强度相对值产生的衬度来从图像中获取信息。对保存图像数据的矩阵进行数乘和常数加减等线性操作后,矩阵本身发生了改变,不过一旦重新建立合理的灰度映射,还是能够获得与矩阵变换前一模一样的图像。显然这时图像所携带的信息并没有受到损失,但由于 MSE 是通过像素点间的绝对差值来反映图像质量的,对数据矩阵进行线性操作以后 MSE 的值却发生了变化。这实际上说明了当使用 MSE 对多个图像同时进行横向对比评价时会带来一些问题,尤其是当这些图像是通过不同途径获得的。例如使用鬼成像的归一化算法获得的重构图像,理论上其包含的像素点的强度值被归一化到区间[1,2],而使用大部分相机直接拍摄得到的图像所对应的数据,在 uint8 数据格式下为 8 位整数,其范围为[0,255],两者产生的图像在直观上看起来差不多的情况下,其 MSE 数值可能差别巨大,导致 MSE 失效。为了能够公平地评价由不同方式获得的图像的质量,本书在这里定义归一化均方误差(normalized mean square error,NMSE)如下:

$$\text{NMSE} \equiv \frac{1}{M} \sum_{i,j} \left[\frac{T(i,j) - \min(T(i,j))}{\max(T(i,j)) - \min(T(i,j))} - \frac{I(i,j) - \min(I(i,j))}{\max(I(i,j)) - \min(I(i,j))} \right]^2 \tag{6.26}$$

NMSE 严格地限制了理想像和重构图像的取值范围,这种归一化方式不改变重构图像内像素点间的相对强度,不破坏其图像信息,并将重构图像和理想像的取值范围强制平移至区间[0,1],如此一来,就能正确地对不同方式获得的像进行横向比较与评价。

根据图 6.11 给出的重构图像,计算了对应的 NMSE,得到的结果如图 6.12 所示。

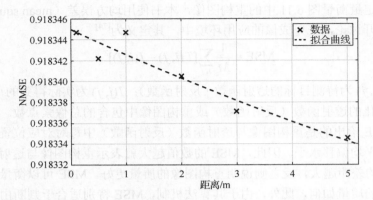

图 6.12   待测目标与障碍物之间的距离发生变化得到的重构图像的 NMSE

观察图 6.11 中的重构结果可以发现，正如本书理论预测的那样，当待测目标与障碍物之间的距离较远时，待测目标的像被正确地还原了，相反地，当距离较近时，得到的是障碍物的像。在二者之间，可以看到随着距离的增加，待测目标的像越发地凸显出来，直至障碍物的像逐渐消失。图 6.12 中的 NMSE 变化趋势也表明，当待测目标和障碍物之间的距离不断增加时，成像质量也随之改善。

2. 照明光源波长对成像效果的影响

在这一部分中，待测目标与障碍物之间的距离被固定在 3.00m。选取不同波长的激光器作为照明光源，分别计算了对应的重构图像，结果如图 6.13 所示。

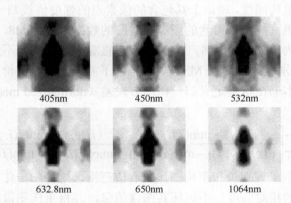

图 6.13   照明光源的波长发生变化时待测目标的重构图像

同样地，本书也计算了图 6.13 中的重构图像所对应的 NMSE，得到的结果如图 6.14 所示。

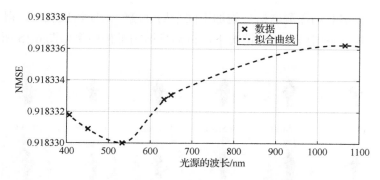

图 6.14 照明光源的波长发生变化时得到重构图像的 NMSE

显然，当待测目标与障碍物距离不变时，选用波长更长的光源作为照明光源可以使重构图像受到障碍物的影响减弱。但同样是由于衍射作用的影响，增加照明光源的波长会导致重构图像空间分辨率的降低。从图 6.14 也可以发现这个规律，当照明光源的波长的数值较小时，增大照明波长时 NMSE 的数值不断下降，这个阶段对应着重构图像逐渐摆脱障碍物的影响，待测目标的信息逐渐凸显的过程。而当照明光源的波长在数值上已经足够大且还在继续增大时，NMSE 的值开始上升，这是由于照在待测目标平面上的散斑照明图样由于照明光源波长的增加而产生了不断加重的衍射效应，从而使像失真了。需要指出的是，之前所讨论的在增加待测目标与障碍物之间距离的情况下并没有出现失真现象，原因是增加待测目标与障碍物之间的距离，并不像改变照明光源的波长一样改变光源在待测目标所处平面上产生的光强空间分布，因而，这种情况下继续增加距离并不会进一步加重衍射对重构图像造成的失真。

3. 鲁棒性测试

由于外界噪声的影响，许多计算成像方案都会因为采集到了"错误"的数据而导致成像失败。尽管许多文献和工作都已经证明了其在存在噪声的条件下进行成像时的种种优势，鬼成像作为一种计算成像方案，仍然会在一定程度上受到噪声的影响。因此，十分有必要对我们提出的成像方案进行鲁棒性测试，这将对该技术今后的实际应用有积极作用。

本书采用信噪比来定量地描述噪声对桶探测器信号的影响，它被定义为

$$\mathrm{SNR}_B = 10\lg\frac{\overline{B}}{\overline{N_b}} \tag{6.27}$$

式中，$\overline{B}$ 为桶探测器信号（不含噪声）的平均强度；$\overline{N_b}$ 为噪声的平均强度。在本部分的数值模拟中，待测目标与障碍物的距离为 3.00m，照明光源的波长为

632.80nm。分别对桶探测器信号施加不同平均强度的高斯随机噪声，得到不同桶探测器信号具有不同信噪比的情况下，待测目标的重构图像如图 6.15 所示。

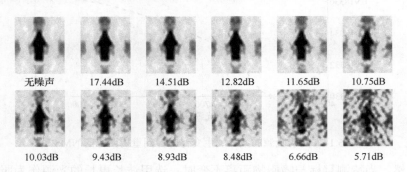

无噪声　　　17.44dB　　　14.51dB　　　12.82dB　　　11.65dB　　　10.75dB

10.03dB　　　9.43dB　　　8.93dB　　　8.48dB　　　6.66dB　　　5.71dB

图 6.15　桶探测器信号的信噪比发生变化时待测目标的重构图像

可见，在信噪比为 6.66dB 时，待测目标仍然可以被识别出，此时噪声的平均强度大约为信号平均强度的 34%。数值模拟的结果表明，该成像方案能够在一定程度上抵抗噪声的影响。

6.4　本章小结

本章分别讨论了杂散光对几种使用不同照明图样的计算鬼成像方案的影响，发现基于随机散斑照明图样的成像方案具有最佳的鲁棒性。此外，还讨论了杂散光噪声对于基于观测矩阵伪逆重构算法的成像方案的影响，结果显示，尽管这种重构算法在无噪声的情况下表现优异，但相比于二阶关联算法，伪逆重构算法的鲁棒性极差，在噪声只有信号的不到千分之一的强度时，就能对重构图像产生巨大干扰。另外，本章还讨论了基于扫描的空间光调制设备对成像质量的影响，通过加长积分时间通常可以有效减弱这种影响，但这会造成成像效率的明显下降。

作为重点内容，本章发现了鬼成像技术相比于传统成像的又一优势，即证明了鬼成像技术具有对被遮挡物体成像的能力。根据 6.3 节的讨论和分析，鬼成像的这一独特性质基于这种成像方案的基本机制——强度涨落关联，以及衍射效应的助力。一旦保证了待测目标的距离和障碍物的距离足够远，足以使光斑均匀地弥散到障碍物平面上，同时，桶探测器距离障碍物也足够远。这样，就可以使用一个尺寸受限的桶探测器对待测目标成像。在这个过程中，障碍物的形状可以是任意的、未知的。此外，在待测目标与障碍物之间的距离不变的情况下，也可以增加照明光源的波长来重构图像中关于待测目标的信息，但此时成像结果的空间分辨率会有所降低。本章同时还进行了数值模拟，数值模拟的结果很好地验证了本章的理论预测，同时，对这种成像方案的鲁棒性也进行了测试，结果显示，这种成像方案会在一定程度上抵抗噪声的干扰，相关工作也可参看我们已经发表的论文（文献[109]）。

第 7 章

总　　结

　　本书针对鬼成像技术成像质量亟待提升这一现状，从影响鬼成像的成像质量的内部因素和外部因素出发，以实现鬼成像过程中可能影响其成像质量的环节为主线，开展了相关的理论研究，并辅以数值模拟或实验验证。对全书内容总结如下。

　　在鬼成像的成像机制方面，得到如下两个结论。

　　（1）通过对二阶关联函数的研究发现，基于二阶关联函数的鬼成像技术还原图像的过程是统计加权平均计算过程，因此，为了使成像成功，要使用独立的"样本"（即独立的散斑照明图样）对待测目标进行数量足够多的测量，这些散斑照明图样必须构成或者近似地构成完备集合。这样，在重构待测目标像的时候就不会产生噪点。一般使用随机散斑照明图样进行照明，且像素点数可观时，极不可能获得完备集合，因此在经验上，鬼成像系统给出的重构图像通常带有雪花点样噪点。获得完备照明图样集合的难度直接决定鬼成像系统的计算复杂度，从这个角度看，有序照明图样（如逐点扫描图样、Hadamard 衍生图样等）优于随机二值图样，随机二值图样又优于随机灰度图样。

　　（2）基于统计加权平均计算的理论框架同样可以直接导出计算鬼成像系统中存在的正负关联现象，本书给出了一个实时判据用于分离正关联和负关联，从而极大提高成像质量。定义了反转因子，在成像时判断每个散斑照明图样对应桶探测器信号的数值是否大于反转因子，从而判断出其是正关联步骤，还是负关联步骤。数值模拟和实验结果都很好地验证了以上方案的可行性。

　　在不同的照明图样对计算鬼成像的成像质量的影响的对比和研究过程中，得到如下结果。

　　（1）使用有序照明图样进行鬼成像的过程中，在无噪声且不考虑光的自由传递时，这些成像方案给出的成像效果相对于基于随机照明图样的成像方案来说具有碾压性的优势，它们不仅速度更快，而且成像质量极高。但这些方案对于衍射失真和噪声干扰的抵抗性均不如基于随机照明图样的成像方案。

（2）提出了一个基于观测矩阵正交性的成像质量评判指标：观测矩阵扩展正交度。该指标通过判断一个观测矩阵自身转置与自身的乘积获得的方阵（文中定义为 $\hat{O}$ 矩阵）与等阶单位矩阵的相似程度，来判断基于这个观测矩阵的成像方案是否能得到一个高质量的像。相比于其他的指标或评价标准，该指标有如下优势：第一，该指标不依托于待测目标的透射函数，它统一地给出一系列成像方案的预期效果，因此在一定程度上具有较高的客观性；第二，该指标具有直接性，从信息论的角度考虑，若把二阶关联计算过程看作是一个信道的话，$\hat{O}$ 矩阵就可以衡量信道干扰，若其刚好为正交矩阵，则不存在干扰，信息（待测目标的透射函数）无损传递到信宿（二阶关联函数），因此，这种直接的方法不需要像某些指标那样（如信噪比等）人为地指定哪些是信号、哪些是噪声。可以预见的是这种判据将在人们提出新的用于鬼成像的光源调制方式后，想要对其进行评价时发挥巨大的作用。

本书就小波变换理论在计算鬼成像系统中的应用进行了介绍，通过相关的理论、数值仿真和实验研究分别讨论了离散小波变换和连续小波变换两种情形在计算鬼成像系统中的适用情况。

（1）在离散小波方面，我们以 Haar 小波为例，建立了基于 Haar 小波的计算鬼成像系统，讨论了一维 Haar 小波和二维 Haar 小波在压缩成像、边界提取等方面的应用。此外，就 Haar 小波自身的抗干扰能力差这一问题，我们提出了基于 Hadamard-Haar 双变换域的成像方案，较好地集中了 Hadamard 和 Haar 小波两种成像方案各自的优势，摒弃了劣势，创新性地解决了 Haar 小波在实验条件下成像难的问题，除此之外，还能保持小波变换在高效表示图像信息方面的能力。

（2）在连续小波方面，我们首先构建了准连续小波变换框架，这一框架允许使用任何非正交小波构建照明图样，从而实现计算鬼成像。以一维 Gauss 小波为例，介绍了"补相法"以解决非正交小波在重构图像时得到的图像不准确的问题；并初步地探讨了 Gauss 小波在快速重构图像方面的能力，得到其能够较为有效地提升计算鬼成像的成像效率这一结论。

以上两大问题都具有一定的开创性，多变换域成像的思想可以应用在除了 Hadamard 基和 Haar 小波基以外的其他线性变换基之间，为实际应用带来无限可能。而准连续小波变换框架允许任何非正交小波直接应用在计算鬼成像系统中，可以引领今后的许多研究工作。

将光的传播和衍射加入理论讨论的范围，针对其对鬼成像的成像质量的影响展开了研究，得到如下结论：光的传递一般导致照明图样模糊，从而使重构图像的分辨率下降。但使用本书中介绍的基于观测矩阵伪逆的重构算法来代替二阶关联算法则可以完全抵消传递造成的失真，只是在后续的研究中发现，这种伪逆重构算法对噪声的抵抗能力极差，不及二阶关联函数的百分之一，因此这种伪逆重构算法的使用价值仍有待考量。

在相干照明光源施加随机相位调制与否对成像质量影响的相关讨论中，揭示了光源的相干性对成像结果的影响。这些影响在根本上是相干光和非相干光在发生传递时的行为不同所导致的。总的来说，破坏照明光源的相干性可以使得鬼成像系统更能抵抗光的传递造成的影响，在相同的探测距离上比相干光源照明方案获得更佳的视场角和空间分辨率。另外，这种使用相干光制造的非相干光相对于天然的非相干光源也具有优势，那就是它在享受非相干光的好处的同时，同样可以利用一部分相干光的特性，例如较为集中的能量分布、较好的单色性且并不需要投射透镜等，从而使得在理论上，这种方案相对于天然非相干光源的方案具有更远的有效成像距离以及更加可靠的光机结构。

在研究外界干扰对鬼成像方案的影响时，发现了鬼成像技术的一个新优点：鬼成像技术在特定条件下还能对一个被遮挡的物体实施成像。简单来说，这种优势的根源在于鬼成像是一种只对采集到的信号在时间上的涨落敏感的成像方式，其对空间分布上的干扰并不敏感，这是因为计算鬼成像系统采集的是一维信号。静态的障碍物对于鬼成像系统来说相当于一个常数干扰，借由衍射引起的光信息均匀扩散，就可以使得在待测目标与障碍物之间的距离较大时，障碍物对桶探测器信号的时间涨落不产生明显影响，这样一来，通过二阶关联算法就可以较为准确地计算出待测目标的像。增加照明光源的波长同样可以加剧光的衍射效应，但同样会导致待测目标重构图像的分辨率下降。很显然，障碍物的形状与位置并不需要是已知的，只要它与待测目标的距离足够远，且没有把照明光全部遮挡，就可以使用鬼成像技术绕过它对它后面的待测目标实现成像。数值仿真结果可以很好地支持以上理论预测。

参 考 文 献

[1] Pittman T B, Shih Y H, Strekalov D V, et al. Optical imaging by means of two-photon quantum entanglement[J]. Physical Review A Atomic Molecular & Optical Physics, 1995, 52(5): R3429.

[2] Meyers R E, Deacon K S, Shih Y H. Turbulence-free ghost imaging[J]. Applied Physics Letters, 2011, 98(11): 111115.

[3] Shih Y H. The Physics of turbulence-free ghost imaging[J]. Technologies, 2016, 4(4): 39.

[4] Meyers R E, Deacon K S, Shih Y H. Positive-negative turbulence-free ghost imaging[J]. Applied Physics Letters, 2012, 100(13): 131114.

[5] Yin M Q, Wang L, Zhao S M. Experimental demonstration of influence of underwater turbulence on ghost imaging[J]. Chinese Physics B, 2019, 28(9):094201.

[6] Luo C L, Zhuo L Q. High-resolution computational ghost imaging and ghost diffraction through turbulence via a beam-shaping method[J]. Laser Physics Letters, 2017, 14(1): 015201.

[7] Meyers R E, Deacon K S, Tunick A D, et al. Virtual ghost imaging through turbulence and obscurants using Bessel beam illumination[J]. Applied Physics Letters, 2012, 100(6): 061126.

[8] Gong W L, Han S S. Correlated imaging in scattering media[J]. Optics Letters, 2011, 36(3): 394-396.

[9] Yang Z, Zhao L J, Zhao X L, et al. Lensless ghost imaging through the strongly scattering medium[J]. Chinese Physics B, 2016, 25(2): 170-174.

[10] Lei Z, Wang C F, Zhang D W, et al. Second-order intensity-correlated imaging through the scattering medium[J]. IEEE Photonics Journal, 2017, 9(6): 7500207.

[11] 周成, 刘兵, 黄贺艳, 等. 散射介质对多波长彩色物体关联成像的影响[J]. 激光与光电子学进展, 2016(10): 97-102.

[12] Luo C L, Li Z L, Xu J H, et al. Computational ghost imaging and ghost diffraction in turbulent ocean[J]. Laser Physics Letters, 2018, 15(12): 125205.

[13] Gong W L, Han S S. Super-resolution ghost imaging via compressive sampling reconstruction[EB/OL]. (2009-10-26)[2021-09-01]. https://arxiv. org/abs/0910.4823.

[14] Gong W L, Han S S. Experimental investigation of the quality of lensless super-resolution ghost imaging via sparsity constraints[J]. Physics Letters A, 2012, 376(17): 1519-1522.

[15] Li L Z, Yao X R, Liu X F, et al. Super-resolution ghost imaging via compressed sensing[J]. Acta Physica Sinica, 2014, 63(22): 224201.

[16] Sha Y H, Fu Q, Bao Q Q, et al. Super-resolution imaging by anticorrelation of optical intensities[J]. Optics Letters, 2018, 43(19): 4759-4762.

[17] Chen X H, Kong F H, Fu Q, et al. Sub-Rayleigh resolution ghost imaging by spatial low-pass filtering[J]. Optics Letters, 2017, 42(24): 5290-5293.

[18] Wu J J, Xie Z W, Liu Z J, et al. Multiple-image encryption based on computational ghost imaging[J]. Optics Communications, 2016, 359: 38-43.

[19] Durán V, Clemente P, Torrescompany V, et al. Optical encryption with compressive ghost imaging[C]// 2011 CLEO EUROPE/EQEC, 2011: CH3_4.

[20] Kong L J, Li Y, Qian S X, et al. Encryption of ghost imaging[J]. Physical Review A, 2013, 88(1): 13852.

[21] 刘建彬, 高磊, 刘动, 等. 一种基于热光鬼成像原理的图像加密传输方法: CN103780795A[P]. 2014-05-07.

[22] Zhao S M, Wang L, Liang W Q, et al. High performance optical encryption based on computational ghost imaging with QR code and compressive sensing technique[J]. Optics Communications, 2015, 353: 90-95.

[23] Bennink R S, Bentley S J, Boyd R W. "Two-Photon" coincidence imaging with a classical source[J]. Physical Review Letters, 2002, 89(11): 113601.

[24] Gatti A, Brambilla E, Lugiato L A. Entangled imaging and wave-particle duality: from the microscopic to the macroscopic realm[J]. Physical Review Letters, 2003, 90(13): 133603.

[25] Gatti A, Brambilla E, Bache M, et al. Ghost imaging with thermal light: comparing entanglement and classical correlation[J]. Physical Review Letters, 2004, 93(9): 093602.

[26] Lugiato L A, Gatti A, Bache M. Correlated imaging: classical noise vs. quantum entanglement[C]//Proceedings of SPIE - The International Society for Optical Engineering, 2004: 262-268.

[27] Gatti A, Brambilla E, Bache M. Entangled imaging in the large photon number regime[J]. Laser Physics, 2005, 15: 176-186.

[28] Bache M, Lugiato L A, Gatti A, et al. Classical and entangled ghost imaging schemes[C]//Frontiers of Nonlinear physics, 2004: 80-92.

[29] Ferri F, Magatti D, Gatti A, et al. High-resolution ghost image and ghost diffraction experiments with thermal light[J]. Physical Review Letters, 2005, 94(18):183602.

[30] Gatti A, Bache M, Magatti D, et al. Coherent imaging with pseudo-thermal incoherent light[J]. Journal of Modern Optics, 2005, 53(5-6): 739-760.

[31] Valencia A, Scarcelli G, D'Angelo M, et al. Two-photon "ghost" imaging with thermal light[C]//Quantum Electronics and Laser Science Conference, 2005: 557-559.

[32] Basano L, Ottonello P. Experiment in lensless ghost imaging with thermal light[J]. Applied Physics Letters, 2006, 89(9): 91109.

[33] Cao D Z, Li Q C, Zhuang X C, et al. Ghost images reconstructed from fractional-order moments with thermal light[J]. Chinese Physics B, 2018, 27(12): 123401.

[34] Chen Z P, Shi J H, Zeng G H. Thermal light ghost imaging based on morphology[J]. Optics Communications, 2016, 381: 63-71.

[35] Basano L, Ottonello P. Diffuse-reflection ghost imaging from a double-strip illuminated by pseudo-thermal light[J]. Optics Communications, 2010, 283(13): 2657-2661.

[36] Gao L, Liu X L, Zheng Z Y, et al. Unbalanced lensless ghost imaging with thermal light[J]. Journal of the Optical Society of America A: Optics image Science & Vision, 2014, 31(4): 886-890.

[37] Liu X F, Chen X H, Yao X R, et al. Lensless ghost imaging with sunlight[J]. Optics Letters, 2014, 39(8): 2314.

[38] Karmakar S, Zhai Y H, Chen H, et al. The first ghost image using sun as a light source[C]//Quantum Electronics and Laser Science Conference, Baltimore, 2011.

[39] Zhang D, Chen X H, Zhai Y H, et al. Correlated two-photon imaging with true thermal light[J]. Optics Letters, 2005, 30(18): 2354-2356.

[40] Meyers R, Deacon K S, Shih Y H. Ghost-imaging experiment by measuring reflected photons[J]. Physical Review A, 2008, 77(4): 041801(R).

[41] Shapiro J H. Computational ghost imaging[J]. Physical Review A, 2008, 78(6): 061802.

[42] Shih Y H. Observation of nontrivial correlation and anti-correlation from pulsed chaotic-thermal light[J]. Proceedings of SPIE - The International Society for Optical Engineering, 2009, 118(8): 1085-1087.

[43] Zhai Y H, Chen X H, Zhang D, et al. Two-photon interference with true thermal light[J]. Physical Review A, 2005, 72(4): 043805.

[44] Xiong J, Cao D Z, Huang F, et al. Experimental observation of classical subwavelength interference with a pseudothermal light source[J]. Physical Review Letters, 2005, 94(17): 173601.

[45] Chen H, Peng T, Karmakar S, et al. Observation of anticorrelation in incoherent thermal light fields[J]. Physical Review A, 2011, 84(3): 033835.

[46] Shapiro J H, Lantz E. Comment on "Observation of anticorrelation in incoherent thermal light fields"[J]. Physical Review A, 2012, 85(5): 057801.

[47] Shih Y H. The physics of ghost imaging: nonlocal interference or local intensity fluctuation correlation?[J]. Quantum Information Processing, 2012, 11(4): 995-1001.

[48] Shapiro J H, Boyd R W. Response to "The physics of ghost imaging—nonlocal interference or local intensity fluctuation correlation?"[J]. Quantum Information Processing, 2012, 11(4): 1003-1011.

[49] Shih Y H. 量子光学导论[M]. 徐平, 译. 北京: 高等教育出版社, 2016.

[50] Bisht N S, Sharma E K, Kandpal H C. Experimental observation of lensless ghost imaging by measuring reflected photons[J]. Optics & Lasers in Engineering, 2010, 48(6): 671-675.

[51] Shapiro J H, Erkmen B I. Ghost imaging: from quantum to classical to computational[J]. Advances in Optics & Photonics, 2010, 2(1): 405-450.

[52] Zhang C, Gong W L, Han S S. Ghost imaging for moving targets and its application in remote sensing[J]. Chinese Journal of Lasers, 2012, 39(12): 1214003.

[53] Li H, Xiong J, Zeng G H. Lensless ghost imaging for moving objects[J]. Optical Engineering, 2011, 50(12): 127005.

[54] Li E R, Bo Z W, Chen M L, et al. Ghost imaging of a moving target with an unknown constant speed[J]. Applied Physics Letters, 2014, 104(25): 251120.

[55] Li X H, Deng C J, Chen M L, et al. Ghost imaging for an axially moving target with an unknown constant speed[J]. Photonics Research, 2015, 3(4): 153-157.

[56] Zeng X, Bai Y F, Shi X H, et al. The influence of the positive and negative defocusing on lensless ghost imaging[J]. Opitics Communications, 2017, 382: 415-420.

[57] Wang L, Zhao S M. Fast reconstructed and high-quality ghost imaging with fast Walsh-Hadamard transform[J]. Photonics Research, 2016, 4(6): 240-244.

[58] Hardy N D, Shapiro J H. Ghost imaging in reflection: resolution, contrast, and signal-to-noise ratio[J]. Proceedings of SPIE - The International Society for Optical Engineering, 2010, 7815(2): 199-283.

[59] Chan K, O'Sullivan M N, Boyd R W. High-order thermal ghost imaging[J]. Optics Letters, 2009, 34(21): 3343.

[60] Liu H C, Xiong J. Properties of high-order ghost imaging with natural light[J]. Journal of the Optical Society of America A Optics Image Science & Vision, 2013, 30(5): 956-961.

[61] Kuplicki K, Chan K W C. High-order ghost imaging using non-Rayleigh speckle sources[J]. Optics Express, 2016, 24(23): 026766.

[62] Si X F, Zhang W W, Chen Q, et al. Image quality evaluation of high-order ghost imaging[C]//Imaging Systems and Applications, 2014: IM2C. 4.

[63] Li H, Shi J H, Chen Z P, et al. Detailed quality analysis of ideal high-order thermal ghost imaging[J]. Journal of the Optical Society of America A Optics Image Science & Vision, 2012, 29(11): 2256-2262.

[64] Ferri F, Magatti D, Lugiato L A, et al. Differential ghost imaging[J]. Physical Review Letters, 2010, 104(25): 253603.

[65] Sun B, Edgar M, Bowman R, et al. Differential computational ghost imaging[C]//Computational Optical Sensing and Imaging, 2013.

[66] Sun B, Welsh S S, Edgar M P, et al. Normalized ghost imaging[J]. Optics Express, 2012, 20(15): 16892-16901.

[67] Donoho D L. Compressed sensing[J]. IEEE Transactions on Information Theory, 2006, 52(4): 1289-1306.

[68] Katz O, Bromberg Y, Silberberg Y. Ghost imaging via compressed sensing[C]//Frontiers in Optics 2009, San Jose, 2009.

[69] Zhang N, Wang B B. Polarization ghost imaging system based on compressed sensing[J]. Chinese Journal of Quantum Electronics, 2014, 7(1): 623-629.

[70] Dong X L. Application of compressed sensing in ghost imaging system[J]. Journal of Signal Processing, 2013(6):677-683.

[71] Chen Y, Fan X, Cheng Y B, et al. Intensity spread function analysis of single compressive sensing ghost imaging[J]. Acta Photonica Sinica, 2016, 45(9): 916002.

[72] Chen Y, Fan X, Cheng Y B, et al. Construction of measurment matrix in compressive sensing ghost imaging[J]. Journal of Optoelectronics Laser, 2016, 27(12): 1352-1356.

[73] Katkovnik V, Astola J. Compressive sensing computational ghost imaging[J]. Journal of the Optical Society of America A Optics Image Science & Vision, 2012, 29(8): 1556-1567.

[74] 周成, 黄贺艳, 刘兵, 等. 基于混合散斑图的压缩计算鬼成像方法研究[J]. 光学学报, 2016(9): 91-97.

[75] Welsh S S, Edgar M P, Padgett M J. Multi-wavelength compressive computational ghost imaging[J]. Proceedings of SPIE - The International Society for Optical Engineering, 2013, 8618(4): 86180I.

[76] 郑素赢. 结构化压缩感知在鬼成像中的应用研究[D]. 南京: 南京邮电大学, 2018.

[77] 陆明海, 沈夏, 韩申生. 基于数字微镜器件的压缩感知关联成像研究[J]. 光学学报, 2011, 31(7): 98-103.

[78] 陈明亮, 李恩荣, 王慧, 等. 基于稀疏阵赝热光系统的强度关联成像研究[J]. 光学学报, 2012, 32(5): 17-24.

[79] Sun M J, Li M F, Wu L A. Nonlocal imaging of a reflective object using positive and negative correlations[J]. Applied Optics, 2015, 54(25): 7494-7499.

[80] Bromberg Y, Katz O, Silberberg Y. Ghost imaging with a single detector[J]. Physical Review A, 2012, 79(5): 1744-1747.

[81] 刘雪峰, 姚旭日, 李明飞, 等. 强度涨落在热光鬼成像中的作用[J]. 物理学报, 2013, 62(18): 198-204.

[82] Luo C L, Cheng J. Ghost imaging with shaped incoherent sources[J]. Optics Letters, 2013, 38(24): 5381-5384.

[83] Shibuya K, Nakae K, Mizutani Y, et al. Comparison of reconstructed images between ghost imaging and Hadamard transform imaging[J]. Optical Review, 2015, 22(6): 897-902.

[84] Khamoushi S M, Nosrati Y, Tavassoli S H. Sinusoidal ghost imaging[J]. Optics Letters, 2015, 40(15): 3452-3455.

[85] Song X B, Zhang S H, Cao D, et al. Inherent relation between visibility and resolution in thermal light ghost imaging[J]. Optics Communications, 2016, 365: 38-42.

[86] 段德洋. 彩色鬼成像及其相关问题的研究[D]. 曲阜: 曲阜师范大学, 2015.

[87] Duan D Y, Du S J, Xia Y J. Multiwavelength ghost imaging[J]. Physical Review A, 2013, 88(5): 53842.

[88] Cao D Z, Xu B L, Zhang S H, et al. Color ghost imaging with pseudo-white-thermal light[J]. Chinese Physics Letters, 2015(11): 72-75.

[89] Liu H C, Zhang S. Computational ghost imaging of hot objects in long-wave infrared range[J]. Applied Physics Letters, 2017, 111(3): 27-224.

[90] Li M F, Zhang Y R, Luo K H, et al. Time-correspondence differential ghost imaging[J]. Physical Review A, 2013, 87(3): 2285.

[91] Xu X Y, Li E R, Shen X, et al. Optimization of speckle patterns in ghost imaging via sparse constraints by mutual coherence minimization[J]. Chinese Optics Letters, 2015, 13(7): 071101.

[92] Ragy S, Adesso G. Nature of light correlations in ghost imaging[J]. Scientific Reports, 2012, 2(9): 651.

[93] Sui L S, Cheng Y, Wang Z M, et al. Single-pixel correlated imaging with high-quality reconstruction using iterative phase retrieval algorithm[J]. Optics and Lasers in Engineering, 2018, 111: 108-113.

[94] Sun S, Liu W T, Lin H Z, et al. Multi-scale adaptive computational ghost imaging[J]. Scientific Reports, 2016, 6: 37013.

[95] Ota S, Horisaki R, Kawamura Y, et al. Ghost cytometry[J]. Science, 2018, 360(6394): 12461.

[96] Wang C F, Zhang D W, Bai Y F, et al. Ghost imaging for a reflected object with a rough surface[J]. Physical Review A, 2010, 82(6): 063814.

[97] Sun B Q, Edgar M P, Bowman R, et al. 3D computational ghost imaging[C]//2014 IEEE Photonics Conference, 2014: 174-175.

[98] Born M, Wolf E. Principles of optics[M]. Cambridge, UK: Cambridge University Press, 1999.

[99] Hanbury B, Twiss R. The question of correlation between photons in coherent light rays[J]. Nature, 1956, 178: 1447-1448.

[100] Scully M O, Zubairy M S. Quantum optics[M]. Cambridge, UK: Cambridge University Press, 1997.

[101] Chen H, Peng T, Shih Y H. 100% correlation of chaotic thermal light[J]. Physical Review A, 2013, 88(2): 023808.

[102] Chao G, Wang X Q, Wang Z F, et al. Optimization of computational ghost imaging[J]. Physical Review A, 2017, 96(2): 023838.

[103] Gao C, Wang X Q, Wang Z F, et al. Positive and negative correlations in computational ghost imaging for a grayscale object[J]. Journal of Physics: Conference Series, 2018, 1053(1): 012138.

[104] Li J H, Luo B, Yang D Y, et al. Modeling the behavior of signal-to-noise ratio for repeated snapshot imaging[EB/OL]. (2016-05-01) [2021-09-01]. https://arxiv.org/abs/1603.00371.

[105] Pratt W, Kane J, Andrews H C. Hadamard transform image coding[J]. Proceedings of the IEEE, 1969, 57(1): 58-68.

[106] Gao C, Wang X Q, Wang S, et al. Single pixel imaging based on semi-continuous wavelet transform[J]. Chinese Physics B, 2021, 30(7): 074201.

[107] Katkovnik V, Astola J, Egiazarian K. Discrete diffraction transform for propagation, reconstruction, and design of wavefield distributions[J]. Applied Optics, 2008, 47(19): 3481-3493.

[108] Gao C, Wang X Q, Cai H J, et al. Influence of random phase modulation on the imaging quality of computational ghost imaging[J]. Chinese Physics B, 2019, 28(2): 020201.

[109] Gao C, Wang X Q, Gou L D, et al. Ghost imaging for an occluded object[J]. Laser Physics Letters, 2018, 16(6): 065202.